高等院校艺术设计专业“十四五”新形态系列教材

Shinei
Sheji
Yuanli

室内设计原理

融入思政元素
全面提升学生思想道德修养

提供数字化资源
增强学生的学习体验

设计跨学科内容
培养学生综合分析能力和创新思维

王刚 主编

Integrating ideological and political elements
to comprehensively enhance
students' ideological and moral cultivation

Providing digital resources
to enhance students' learning experience

Designing interdisciplinary contents
to cultivate students' comprehensive analytical ability
and innovative thinking

武汉理工大学出版社
WUTP WUHAN UNIVERSITY OF TECHNOLOGY PRESS

图书在版编目（CIP）数据

室内设计原理 / 王刚主编. -- 武汉 : 武汉理工大学出版社, 2025. 3. -- ISBN 978-7-5629-7297-6

Ⅰ. TU238.2

中国国家版本馆 CIP 数据核字第 202479RN56 号

武汉理工大学本科教材建设专项基金项目

项目负责人：杨　涛

责 任 编 辑：陈海军

责 任 校 对：王　旭

装 帧 设 计：艺欣纸语

排　　　版：武汉恒昇印务有限公司

出 版 发 行：武汉理工大学出版社

社　　　址：武汉市洪山区珞狮路 122 号

邮　　　编：430070

网　　　址：http://www.wutp.com.cn

经　　　销：各地新华书店

印　　　刷：武汉精一佳印刷有限公司

开　　　本：889 mm×1194 mm　1/16

印　　　张：9.25

字　　　数：250 千字

版　　　次：2025 年 3 月第 1 版

印　　　次：2025 年 3 月第 1 次印刷

定　　　价：49.90 元

前　言

在当今社会，随着科技的不断进步与社会文化的日益丰富，室内设计作为一门融合了科学精神与艺术美学的交叉学科，其教育与发展对于提升人们的生活品质、展现现代生活风貌起着举足轻重的作用。面对民众对美好生活的更高追求与对室内设计艺术的深切期待，室内设计教育不仅承载着传授知识的重任，而且肩负着启迪创新思维、培养未来空间美学引领者的使命。本书正是在这一背景下应运而生的，它汲取了国内外室内设计领域的最新理论与实践成果，并结合笔者多年深耕教学一线的宝贵经验精心编撰而成，旨在为建筑学、室内设计、艺术设计等相关专业的学生及广大室内设计爱好者提供一套系统、全面、前沿的学习指南。本书注重理论性与实践性的结合，力求教学内容结构清晰、知识节点合理，让读者能够直观、形象地掌握室内设计原理。

全书内容分为四大部分，涵盖了室内设计的方方面面，旨在给读者带来全面而深入的学习体验。第一部分为基础理论与认知，包括第一章室内设计基础知识，涉及室内设计概论、发展及其美学价值等，帮助读者建立全面的基础知识架构；第二章室内设计的内容、分类和程序步骤，为读者提供系统化的实践指导。

第二部分为设计原理与方法，包括第三章室内设计的依据、要求和特点，让读者了解室内设计过程中需遵循的基本原则和注意事项；第四章室内空间组织与界面处理，涉及空间概念、特性、组合类型及设计原则，帮助设计师更好地理解和运用空间；第五章室内采光与照明，介绍了照明的基本概念和要求，以及自然照明和物理照明的设计方法，强调光环境的重要性；第六章室内色彩环境，讲解了色彩的基本知识以及搭配与协调、设计效果和原则，帮助设计师在色彩应用上得心应手。

第三部分为空间类型与应用，包括第七章室内家具与陈设，阐述了家具与陈设在环境中的作用；第八章人体工程学与室内设计，探讨如何运用人体工程学提高设计的舒适性和功能性；第九章室内设计的景观绿化与庭院，为设计师提供绿色设计的指导。

第四部分为设计风格与实践，包括第十章室内设计的风格和流派，介绍了室内设计的风格发展变化；第十一章居住空间室内设计，介绍了提升居住空间的舒适度和美观度的设计方法；第十二章商业空间室内设计，为设计师提供系统化参考；第十三章文化空间室内设计，帮助设计师在文化空间设计中找到更好的表现手法。

室内设计是一场永无止境的探索之旅，其魅力在于不断地突破与创新。愿本书成为你前行路上的引路人，助力你在室内设计的广阔天地中自由翱翔，创造出更多既具功能性又富艺术性的空间作品。相信你通过本书的学习，能掌握室内设计的原理与方法，推进设计思维的碰撞与融合，推动室内设计行业向着更加专业化、人性化的方向发展。

王刚

2023 年 10 月

目录

目录

第一章　室内设计基础知识

第一节　室内设计概论

随着我国经济水平逐步提升，人们对生活质量的要求也不断提高。这种转变过程恰好符合美国心理学家亚伯拉罕・马斯洛的需求层次理论，即当人们最基础的生理需求、安全需求和社交需求得到满足后，会追求更高层次的尊重需求与自我实现需求（图 1-1）。就室内设计来说，最早人们对于室内空间的需求仅是能够遮风挡雨，提供基本的居住功能，这是马斯洛需求层次理论中的最低层次，即生理需求和安全需求。随着社会的发展和人们生活水平的提高，人们对于室内空间的需求发生了变化，人们不再满足于基本的居住功能，而是开始关注室内空间的美感和舒适性，追求从室内空间中获得情感上的满足和治愈，这是马斯洛需求层次理论中的较高层次，即社交需求和尊重需求。同时，一些高端室内设计则更注重体现个人的独特性和个性化，以满足业主的自我实现需求，这是马斯洛需求层次理论中的最高层次。这些变化不仅体现了人们对于室内设计的重视和追求，也表明了室内设计具有广阔的发展前景和研究价值。未来的室内设计会更加注重人的情感需求和精神诉求，呈现出多元化、个性化的发展趋势。

一、室内设计

室内设计（Interior Design）是人类根据建筑物的使用性质、所处环境与规范标准，在一定的技术支持和美学价值下对室内空间环境的创造性改造活动，以使人们的室内生活环境安全可靠、功能合理、宜居舒适，满足人们的物质与精神需求。室内空间环境既具有使用价值，能满足相应功能需求，又具有美学价值，可以反映出建筑风格、历史文脉与情调氛围等精神层级的元素。室内设计的主要工作内容，包括设计师依据建筑设计的构想对室内空间进行组合、修改、创新，并运用设备、装修、装饰、陈设、照明、音响、绿化等手段，结合人体工程学、行为科学和视觉艺术心理等，从生态学的角度对室内空间环境进行综合性的功能布局和艺术处理，以实现物质生活与精神生活兼备的室内环境艺术效果。

从人类的发展历史来看，自建筑活动出现起，室内设计便应运而生。

在很长一段时间内，室内设计只是作为建筑设计的一个重要组成部分

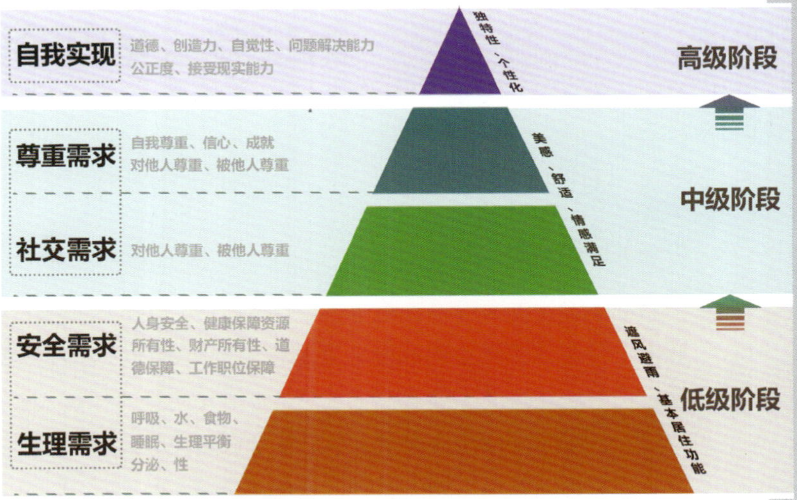

图 1-1　马斯洛需求层次理论与室内层级理论的关系

而存在，直到20世纪60年代初，室内设计才确定了其独立学科的专业地位。与建筑设计的发展历程相比，室内设计的发展时间并不算长，仅有几十年，但由于室内设计专业的成本较低、耗时短等优势，该学科在实际应用领域取得了丰富的成果，并涌现出许多专业室内设计师。

室内设计的核心要素主要包括以下 4 个方面：

（1）空间规划

空间规划是室内设计的基础，决定了整个空间的布局和使用效果。在空间规划中，设计师需要考虑空间的尺寸、形状、高度和功能需求，以确保空间的最佳利用和布局的流动性。

（2）色彩搭配

色彩搭配是室内设计中最重要的手段之一。不同的颜色可以带来不同的视觉体验和情感影响，设计师需要选择合适的颜色以达到设计目标。设计师还需考虑色彩的搭配和协调，以确保整个空间的和谐与统一。

（3）材料选择

材料选择是室内设计中不可或缺的部分。设计师需要了解不同材料的特性和用途，以确保选择适当的材料进行使用；同时，设计师需考虑材料的耐用性、易清洁性、可持续性和美观性。

（4）家具摆放

家具摆放是室内设计的重要组成部分。设计师需要考量家具的尺寸、形状、样式和颜色，以确保与整个空间的风格和色调相协调。同时，设计师需考虑家具的布局和功能，以确保空间的实用性和舒适性。

二、室内装饰

装饰（或装潢）原意指“器物或商品外表”的修饰，是着重从外表的、视觉艺术的角度来探讨和研究问题，其主要关注的是物品外观和视觉艺术层面的打扮，通过装饰、点缀和修饰来提升物品的美感。因此，室内装饰是对室内空间的围合面、装饰材料、色彩搭配、家具陈设等方面进行的装饰工作。相比室内设计和室内装修，室内装饰更注重室内空间的艺术加工与美感，旨在打造良好的视觉效果。

三、室内装修

室内装修包括水电、墙体、地板、天花板、景观等方面的综合施工，是依据一定的设计理念和审美原则形成的一整套施工方案和设计方案。室内装修与室内装饰的区别在于，室内装修更注重施工过程和处理方式，对艺术化效果的要求较低。

第二节　室内设计的发展

一、国内

（一）原始时期

室内设计的萌芽早在距今170万年前的元谋人时期就已出现，经历了从无意识到有意识的演变过程，形成了早期的穴居室内和半穴居室内。旧石器时代，人类最早的社会组织形式氏族公社开始出现，这时候人们的居住方式主要有洞穴式室内、地穴式室内和巢穴式室内几种类型。我国古代文献，如《吕氏春秋》《礼记》《韩非子》《淮南子》等记载了许多关于穴居生活的神话和传说，其中“营窟”“泽处复穴”“桧巢”分别指的就是“洞穴、地穴、巢穴”三种居住形式。

随着“人民少而禽兽众，人民不胜禽兽虫蛇”这一生存环境的变化，半穴居形式逐渐出现，分为半地穴室内和半壁穴室内两种类型。半地穴室内一般部分位于地下，部分位于地上，半壁穴室内则是在天然壁穴基础上改造的居住空间。我国东北部人们延续穴居的时间极长，到南北朝时期，吉林和辽宁的一些少数民族居民仍在使用穴居形式，至今当地人仍喜爱“地窨子”这种建筑，它是穴居的延续。此外，我国西北地区的人们还将穴居保留并发展成了“窑洞”。

在关于中国原始社会建筑的研究中，能够发现一个有趣的现象：室内平面的形状呈现明显的排他性，要么是方形，要么是圆形。虽然这些形状可能不是完全的正方形或正圆形，但通常是基于圆形或方形的基本变形，如类圆形、类方形、椭圆形或长方形。

另外，装饰元素在原始时代的建筑中已经存在，如牛河梁女神庙（图 1-2）。作为中国最早出现的宗庙建筑，它开创了一种全新的室内空间形式，成为建筑和室内设计史上的创举，也是中国最古老的宗教建筑中的室内设计。

图 1-2 牛河梁女神庙遗址

原始社会的室内设计在当时的生产力状况下算是取得了辉煌成就的，其从“无”到“有”的过程体现了这些成就的珍贵，这些成就至今仍可作为我们创造现代具有民族特色的室内设计风格的参考。因此，原始社会的室内设计是中国古代室内设计史上的瑰宝。

（二）春秋战国时期

春秋战国时期，随着制砖和制瓦技术的提升，建筑得到进一步发展。各诸侯国之间激烈的争斗和竞争促使统治者修建宏伟的宫殿和宗庙，以显示权威和实力。为了防御，同时增加建筑的威严和视觉效果，他们选择在建筑物的基础上增加高台，使建筑物在整体上更加高大壮观。例如，侯马晋故都新田遗址中的宫殿、战国齐都临淄的宫殿都是典型例子。这种建筑形式后来逐渐发展成为楼的前身，被称为“台榭”。

此外，砖墙在这一时期开始被广泛应用于陵墓建筑的室内墙壁，逐渐取代了木墙。在宫殿和宗庙建筑中，砖墙的出现更为常见，通常呈青色，分为空心砖墙和条砖墙两种形式。空心砖墙主要用于战国晚期陵墓的室内墙面，较少见于地面以上的建筑。在南方干阑式木结构建筑或宫室建筑的室内，木墙仍是主要形式，且使用技术趋向成熟。居民室内则主要用土墙，土墙是我国最古老的墙壁形式，在陕西岐山的早周建筑遗址中就有使用，在春秋战国时期仍被广泛使用。

这一时期，室内设计中还出现了其他装饰元素，首先是斗拱，如战国中山王墓四龙四凤铜方案（图 1-3）上有后来斗栱的形象，有斗、短柱、抹角拱，还有龙头。其次是彩画及木构上的装饰构件“釭”的运用。木结构、砖瓦的装饰纹样也变得多样化，如双龙、回纹、

图 1-3 四龙四凤铜方案

蝉纹等纹饰；且墙面出现的彩色装饰也不再是平涂，而是初步发展成彩画。

（三）秦汉时期

在秦汉时期，建筑形式逐渐从高台建筑转向了楼的形式。西汉以后，楼逐渐取代春秋时期流行的高台建筑。这一时期的又一重大突破是大跨度空间的运用，如阿房宫的恢宏建筑。据史书记载，“复压三百里，隔离天日”，“阿房宫前殿东西五百步，南北五十丈，上可以坐万人，下可以建五丈旗”，显示出秦汉时期宫殿室内空间的宏伟壮观。

这一时期，特别是汉代，室内墙面装饰中还采用了精美的壁画，呈现绚烂多彩的效果。壁画采用多种矿物颜料绘就，如朱砂、石黄、石青、石绿、赭石等，赋予室内墙面丰富的色彩。壁画的内容丰富多样，包括人物、动物、车驾、植物、建筑、神怪等元素。多彩色块壁画的出现，标志着秦汉时期室内壁画艺术进入成熟发展阶段。

（四）魏晋南北朝时期

魏晋南北朝时期，社会动荡，人们对新传入的佛教视如珍宝，佛教盛行。佛教建筑有佛寺和石窟，各具特色。佛寺的室内空间包括佛殿、佛塔；石窟内部则不同于传统的封闭室内，而是采用特殊的开敞式室内空间。佛教建筑在室内艺术风格上更多保留了异域文化的特色，以营造出浓厚的宗教氛围。这使得这一时期的室内设计与其他时代的类似建筑相比，具有独特的魅力和吸引力。

这一时期的壁画表现丰富，尤其以陵墓室内壁画为主。陵墓的室内装饰大多采用青灰色墙砖，并出现了墙面壁画和墓室内墙砖的模印纹样。壁画内容丰富多样，包括青龙、白虎、朱雀、玄武四神兽，仪仗出行队伍，以及天空、流云、莲花、镇墓威神、凤鸟、羽人、墓主形象等。

佛教建筑的室内壁画吸收了希腊佛教的雕刻手法，注重装饰纹样以及花草、鸟兽、人物的表现，形成了独特的风格，不再受秦汉时期的影响，展现出新的艺术风貌。此外，北魏时期的壁画中使用了“晕”的技法，通过颜色的深浅变化创造出更多的层次感。

石窟室内壁画在这个时期具有鲜明的时代特征，展现了印度传入的佛教故事，如割肉喂鸽、舍身饲虎等。壁画通过描绘荒凉的山村景象、生动的人兽形象、奔放的线条旋律和运动型的形态姿态，营造出激昂、狂热、粗犷的艺术氛围，体现了一种非理性的宗教狂热。

（五）隋唐五代时期

这个时期出现了多种异形室内平面，如“日”字形平面、“目”字形平面、“回”字形平面，以及正方形、十二边形、二十四边形平面、八角形等。室内平面布局以柱网为特色，尤其在殿堂建筑中，如佛光寺的大殿，以低矮的台为基础，平面柱网由内外两圈柱子组成。这些异形平面的出现反映了当时社会的繁荣和开放，以及人们对新颖和创意的建筑形式的追求。这也彰显了中国古代建筑思想的独特之处，即人们对空间的灵活运用和创造性的设计。这些异形平面都蕴含了诗意和艺术性，给人们带来了视觉的享受和内心的愉悦。它们的出现不仅丰富了中国古典建筑的形式，也为后来的建筑设计提供了借鉴和启发。

唐代的建筑结构技术的进步使建造全木结构建筑成为可能。大型宫殿和佛殿的室内开始使用全木结构墙壁，而在厅堂建筑中（如佛堂）依然采用砖墙，并使用涂刷工艺进行装饰，通常选择涂白色。唐代延续了许多砖墙的使用技术，表明砖砌结构在建筑室内的应用已经相当普遍，通过黄泥浆固定墙砖。唐代的墓室内绘有壁画（图 1-4），其主要特点是绘制宏大的佛经故事图，也有表现宫廷生活的图。最大的壁画作品长达 10m，宽度为 4m，在同一幅作品上表现出丰富的佛经内容，形象写实，笔触细腻。除了继承传统的色彩外，唐代壁画也开始使用以石绿和黑色为主调的新颜色。

隋唐至五代时期，中国家具形式发生巨大变革。南北朝时期普遍保持的席地跪坐习惯逐渐消失，出现了适应跷足坐的高座式家具。这些高座式家具的广泛应用使人们的生活发生了翻天覆地的变化，室内形态也因此发生了与以往不同的变化。

唐末五代的陈设家具包括长桌、方桌、长凳、扁平凳、靠背椅、鼓架和蜡烛台等，五代时期的画作中还出现了大屏风，成为室内空间的一个亮点。在这个时期，床榻成为主要的家具，包括顶帐屏床和凹形床。这些新型家具趋向于舒适，尺寸与人体比例相协调，一些实用家具的部件上还雕刻有方形的图案装饰纹样。

图 1-4 唐墓壁画《宫女图》（局部）

（六）明清时期

明清时期，中国建筑逐渐走向规范化和定型化的道路，同时更加注重人文情怀和艺术表达。这一时期的建筑形式非常多样且表现手法丰富，重要的建筑群体姿态定型化，建筑艺术达到了繁荣时期。民间建筑和少数民族地区的建筑质量和艺术水平普遍提高，形成了各地区和各民族独特的建筑风格。私家园林和皇家园林在明清时期大量出现，园林艺术达到了前所未有的高度。园林设计手法逐渐成熟，展现出雍容大度、严谨典丽、结构清晰的特点。

总体而言，明清时期的建筑在继承前代理性精神和浪漫情调的同时，注重艺术规律的遵循，并最终形成了中国建筑艺术成熟的典型风格。这一风格既雍容华贵、严谨雅致，又富有人情趣味。

近代以来，随着经济的快速发展和国际文化的交流，中国室内设计与国际接轨，并出现了一些著名的室内设计师和设计机构。改革开放后，中国的室内设计产业获得了更大的发展机遇。在这个时期，许多国内外知名的室内设计公司进入中国市场，推动了中国室内设计的发展。同时，中国的设计师开始走上国际舞台，参加国际设计比赛和展览，提高了中国室内设计的国际影响力。

到了 21 世纪初，中国的室内设计行业，市场规模逐年扩大，室内设计的技术水平和设计理念也不断提高和创新。中国的室内设计不再局限于简单的装修和布置，而更加注重设计的功能性、实用性和艺术性，更贴近人们的生活需求和审美追求。

二、国外

国外的室内设计经历了漫长而丰盛的发展历程，下面主要介绍几个时间节点、代表人物和发展过程。

（一）古代文明时期

国外室内设计的历史可以追溯至古代文明时期，如古埃及、古希腊和古罗马，它们都有其独特的室内设计风格。古埃及的室内设计注重宗教和神秘主题，古希腊和古罗马则追求对应、比例和优雅关系，它们之间也存在一些相似之处。

1. 古埃及

（1）神秘主题：古埃及的室内设计受到宗教和神秘信仰的影响，建筑和室内空间经常与宗教崇拜和埋葬仪式有关。

（2）家具和装饰：古埃及的室内设计注重豪华和饰品，使用金属、宝石和彩色玻璃等材料来装饰墙壁、家具和器皿。

（3）壁画和浮雕：古埃及的室内空间经常绘制有壁画（图 1-5）和浮雕，描绘了神话、宗教和历史故事。

代表建筑：法老王陵墓（如吉萨金字塔）、寺宇（如卢克索神庙）。

2. 古罗马

（1）实用性和功能性：古罗马的室内设计注重实用性和功能性，以满足人们日常生活需求。

（2）壮丽的公共空间：古罗马的室内设计以建设壮丽的公共空间而闻名，如巨大的浴室和剧场。

（3）装饰细节：古罗马室内设计注重装饰性和象征性，反映了罗马人对美的追求和对权力的崇拜，多使用彩色的马赛克地板、壁画和浮雕来增加空间的艺术价值。

代表建筑：罗马浴场（如卡拉卡拉浴场，图 1–6）、罗马竞技场（如罗马斗兽场，图 1–7）和庞贝古城的别墅。

3. 古希腊

（1）和谐与均衡：注重实用性和美学，追求和谐和均衡的空间布局，室内空间经常使用柱子和雕刻来增加视觉效果。

（2）装饰与细节：以简洁和典雅为特色，更注重精致的装饰细节。

（3）神话体系与艺术：神话体系对其艺术，包括建筑和室内设计有着深刻影响。了解其宗教和神话体系对于理解其艺术作品至关重要。

代表建筑：帕特农神庙（图 1–8、图 1–9）、雅典卫城和伊拉克利翁美术馆等。

图 1–5　古埃及壁画

图 1–6　卡拉卡拉浴场

图 1–7　罗马斗兽场

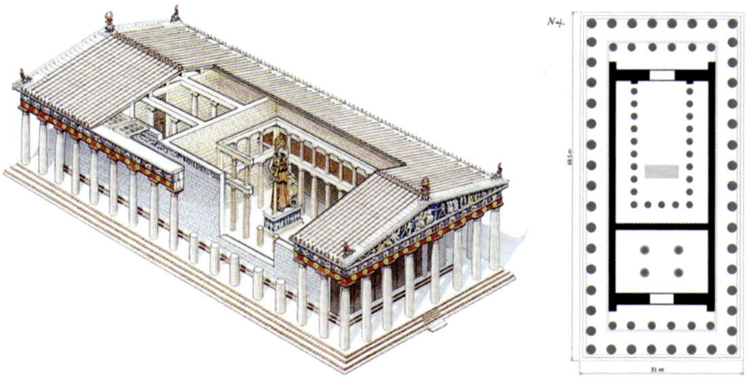

图 1-8 帕特农神庙轴侧与平面布局

图 1-9 帕特农神庙

虽然古埃及、古罗马和古希腊的室内设计各有特色，但它们都注意室内空间的布局、装饰细节和色彩对比。

（二）文艺复兴时期（14—17 世纪）

文艺复兴时期是室内设计历史上的重要节点，经历了一系列的发展和变化。

1. 特点与价值

文艺复兴时期，人们追寻古希腊和古罗马美的艺术和建筑风格，室内设计也受到了古典主义的深刻影响，强调对称性和几何形式，以创造出优雅和谐的空间。

2. 陈设风格

追求古罗马时期的奢华，同时融入了东方和哥特式的装饰特点，通过新的手法加以表现。室内使用各种织物、壁画和雕塑等元素，增加了空间的艺术性和装饰性。

3. 装饰细节

强调古典美学的复兴和对人文主义精神的体现，注重细节和装饰，墙壁和天花板上常绘有壁画和浮雕，家具和陈设品上镶嵌着精美的雕刻和金属饰品。

安德烈亚·帕拉第奥是文艺复兴时期著名的建筑师，他的作品对后期世界建筑产生了广泛的影响。他设计的建筑追求对称和比例，注重空间的和谐与均衡，其中的代表作品是位于意大利威尼托地区的维拉·罗马纳。尼古洛·马基雅维利是文艺复兴时期的政治家和作家，他在《君主论》中提到了对室内设计的观点。他认为室内设计应反映治理者的威望和权力，即可以通过设计营建出庄严而有威严的气氛。梅迪奇家族作为文艺复兴时期佛罗伦萨的重要贵族，对室内设计的发展产生了深远的影响。

代表建筑：坦比哀多礼拜堂（图 1-10）、圆厅别墅等。

（三）巴洛克时期（17—18 世纪）

巴洛克时期是室内设计发展的另一个重要时期。在这个时期，欧洲强权扩张，掠夺海外殖民地累积了巨额财富，因此，室内设计注重奢华、装饰和戏剧性的效果；其特点是装饰华丽、形式复杂、线条流畅、运用曲线和对称性、造型大胆、色彩丰富等，以营造出富丽堂皇的气氛。罗马耶稣会教堂是第一个巴洛克建筑（图 1-11）。

巴洛克时期的室内设计采用大量的装饰元素，如繁复的壁画、浮雕、镶嵌、石膏线条和彩色玻璃等，以营造出丰富而繁复的视觉效果。同时，设计师使用曲线和对称来创造戏剧性的效果，如弧形的天花板、扭曲的柱子和弯曲的椅子等。家具和装饰品上常见的装饰包括螺旋形、植物纹饰、动物形象等，并常使用金箔覆盖，以增加豪华感。巴洛克风格设计师偏爱金色和丰富的色彩，如深红、紫色、蓝色等。

巴洛克时期的室内设计代表人物有安东尼奥·贾尼诺、弗朗切斯科·博尔米尼、安德烈·勒诺特尔等。安东尼奥·贾尼诺是意大利巴洛克风格的代表人物之一，他在那不勒斯创作了许多富丽堂皇的宫殿

图 1-10　坦比哀多礼拜堂

图 1-11　罗马耶稣会教堂大殿

和教堂的室内设计。弗朗切斯科·博罗米尼是巴洛克建筑和室内设计领域的重要人物，他的作品以其曲线和对称的结构、装饰丰富的细节和创新的空间布局而闻名。

（四）新古典主义时期（18—19 世纪）

新古典主义时期是对巴洛克风格的回应，也是一个融合传统与现代、古典与创新的过程，强调古典的简洁、对称和优雅（图 1-12）。这一时期的代表人物有英国建筑师罗伯特·亚当和法国建筑师雅克·卢易·戴维德。新古典主义室内设计重新定义了对布局、希腊和罗马元素的应用，以及质朴的材料和色彩的搭配。家具设计在追求精致与简化线条的同时，注重对称性与图案和谐，完美平衡了古典优雅与现代功能需求。此外，新古典主义美术的理性表达与完整性构图，为室内设计注入了丰富的艺术灵感，促进了艺术与建筑设计的深度交融，进一步提升了室内空间的艺术价值与居住者的精神享受（图 1-13）。

三、室内设计的发展趋势

（一）环保与可持续性

环保与可持续性发展已成为室内设计的重要趋势。在室内设计中，设计师越来越倾向于选择可回收材料，如可再生木材和含有低挥发性有机化合物的涂料等，以此来保护我们的环境。此外，设计师还可以通过采取必要措施来减少废物和污染物的排放，如使用可降解的清洁剂和涂料；同时，增加设计与自然环境交互的空间，如增加自然采光和通风，以减少能源消耗。

图 1-12　美国林肯纪念堂入口

图 1-13　美国林肯纪念堂室内

（二）科技融合

科技的进步为室内设计带来了新的可能性。智能技术应用于室内空气净化、灯光控制、温度调节等方面，以营造更舒适、健康的居住环境。例如，使用智能化的设备和系统，人们可以实现智能家居控制、智能安防监控、智能娱乐等功能，提升居住的便利性和舒适度。设计师还可以将这些设备应用于住宅建筑的设计和施工过程中，提高工程质量和效率，并减少人为错误和工程质量问题的发生。此外，智能化管理系统在安全检测、设备维护和服务管理等方面提供了更高效的物业管理服务。

（三）多功能性和灵活性

室内设计的多功能性和灵活性体现在家具和装饰品的选择上。设计师可以选择能满足不同功能需求的家具和装饰品，如可折叠的桌子、可展开的沙发等，使室内空间具有更多的灵活性。此外，室内设计还越来越注重人们在室内空间中的舒适感和情感需求。设计师可以通过选择合适的材料、色彩和照明等元素来营造舒适的氛围，注重人们在空间中的精神需求和环境的文化内涵，努力创造适应不同需求的空间，以更好地满足人们对室内空间的期望。

（四）人性化与个性化

人性化与个性化是现代室内设计的重要目标。为达到这一要求，设计师应根据居住者的需求和喜好来设计空间，创造出个性化的居住环境，使他们在其中感到舒适、安心和愉悦。室内设计应提供健康、安全的居住环境，包括合理的通风、光线和温度控制，避免有害物质的积聚，以及减少噪声和其他污染，采用节能、环保的材料和技术，减少资源消耗和环境污染。设计师可以使用自然材料、自然光和植物等元素，创造出与自然环境融合的室内空间，提高人们与自然的连接感。同时，设计师应考虑室内空间的可持续性，为未来人们的生活提供支持。设计师还应考虑不同人群的行为习惯和需求，设计出便于使用和操作的功能区域和家具布局，提高居住者的生活便利性。

（五）文化与历史的融合

中国拥有丰富的历史遗产和独特的文化传统。随着社会经济的发展和人民生活水平的提高，越来越多的设计师意识到中华文化的独特之处，开始探索中式室内装饰设计的独特魅力。中式室内装饰设计注重与自然的融合，追求自然的质朴和安宁。传统建筑材料如木材、瓦片和石材等被广泛运用。中式室内装饰设计也注重细节的处理，传统的雕刻技艺被广泛应用，使得空间更具艺术性和历史感。装饰品的选择也非常注重中国传统文化的元素，如中国画、陶瓷和刺绣等。中式室内装饰设计以独特的中华文化为基础，将传统与现代相结合，创造出别具一格的设计作品。这不仅展现了中华民族的文化特色，还在国际舞台上展现中国设计的风采，使中华文化的影响力越来越大。

第三节　室内设计的美学价值

一、功能美

功能美在室内设计中强调实用性和便利性、材料和设备的选择、空间布局和流线设计、储存和组织、安全性和舒适性等，这些元素共同创造出兼具美观和功能性的室内空间。

（一）实用性和便利性

功能美强调设计的实用性和便利性，即设计师要确保室内空间满足用户的功能需求，并提供高效的使用体验。合理的空间规划、流线设计和家具布局可使空间更加舒适、高效，并满足用户日常活动的需求。

例如，开放式的厨房设计不仅方便了烹饪，还增加了家庭成员之间的互动（图 1–14、图 1–15）。

（二）材料和设备的选择

在功能美的考虑下，设计师会选择合适的材料和设备来设计室内空间，使空间具有持久性和耐用性。材料和设备的选择应与空间的功能相匹配，以确保其能够长期满足用户的需求，并在使用过程中保持良好的品质和性能。

（三）空间布局和流线设计

良好的空间布局和流线设计是功能美的重要组成部分。设计师需要考虑人们在空间中的移动路径、工作流程和互动方式，确保空间的布局合理且符合功能需求。优化流线设计，可以提高空间的效率和便利性，使用户在空间中的活动更加顺畅和舒适。例如，工作区和休息区的合理分隔有助于提高工作效率和生活质量。

（四）储存和组织

功能美还体现在人们对储存和组织的关注上。设计师应合理规划储物空间和组织系统，使人们能够轻松存放和获取物品，并保持空间的整洁和有序。例如，嵌入式的储物柜（图 1–16）和多功能家具可以有效利用空间，提升室内整体的功能性和美观性。

（五）安全性和舒适性

在追求功能美的设计中，安全性和舒适性是不可忽视的因素。设计师必须考虑到人们在空间中的安全需求，如避免尖锐边角、提供良好的照明和通风等。设计师还要关注空间的舒适性，包括适宜的温度控制、良好的声学环境和人体工学设计，以给用户提供愉悦的使用体验。例如，人体工学椅和调光灯具的使用可以显著提升空间的舒适度和使用体验（图 1–17）。

二、形式美

形式美在室内设计中关注比例和平衡、空间结构和形态、色彩和材质、纹理和图案、照明和光线的运用。这些方面的组合共同构成了室内空间的外观美感，给人们带来视觉上的愉悦和享受。

（一）比例和平衡

形式美强调室内空间中各元素之间的比例和平衡关系。设计师通过精确的比例和合适的平衡感，创造出视觉上的和谐和稳定感，包括家具、装饰品、颜色和纹理等元素的比例和分布。例如，在客厅中，沙发和茶几的尺寸应与空间大小相协调，茶几的位置与高度应与沙发相匹配，装饰品的摆放应达到视觉上的对称和平衡。

图 1–14　开放式的厨房空间全景

图 1–15　开放式的厨房空间近景

（二）空间结构和形态

形式美关注空间的结构和形态，包括墙壁、天花板、地板及整体布局。设计师通过合适的空间比例、形状和线条，设计出美感和精致的空间结构。例如，拱形门廊、曲线墙面等设计可以为空间增添独特的美感和艺术性。

图 1-16 嵌入式储物柜

（三）色彩和材质

形式美也涉及色彩和材质的运用。设计师通过选择恰当的色彩搭配和材质组合，创造出视觉上的丰富性和有趣性效果。色彩可以用于烘托氛围、引导注意力和表达情感，如温暖的色调可以营造出舒适感，冷色调则能带来静谧感。材质则可以赋予空间不同的质感，如木材的温暖感、金属的现代感等。

（四）纹理和图案

纹理和图案的运用为空间增添层次感和视觉趣味。设计师通过选择不同的纹理和图案，为室内设计注入生命力和视觉张力。纹理可以是材料的表面纹理，如石材的粗糙感、织物的柔软感；图案可以是墙纸、地毯、窗帘等的设计，如几何图案、花卉图案等，这些都能为空间增添视觉层次和趣味。

图 1-17 功能性、人体工学和制造工艺三者的有机统一

（五）照明和光线

照明和光线是形式美的重要组成部分。合理的照明设计可以突出空间的重点、营造氛围和强调细节。光线的运用可以改变空间的色彩和质感，创造出戏剧性的效果或柔和的氛围。例如，间接照明可以营造出温馨的氛围，而聚光灯可以突出艺术品或装饰品的细节。自然光的引入也是重要的设计考虑因素，可以使空间更加明亮和通透，还能与人工照明相结合，创造出更加丰富和自然的光影效果。

三、意境美

意境美在室内设计中注重情感表达、故事性和主题的呈现、空间感和奇幻效果的营造、与自然元素的融合，以及音乐的运用。设计师通过巧妙结合这些元素，可以营造出独特的氛围，使室内空间成为人们情感交流和感官体验的场所。

（一）情感表达

室内设计师通过营造意境美可以表达特定的情感。设计师利用色彩、光线、材质等元素，创造出符合设计目标的室内环境，如通过柔和的色调和温暖的灯光营造出室内温馨的氛围（图 1-18），以表达内心的情感。情感表达的核心在于，用户能够对室内空间产生情感共鸣和舒适体验。

（二）故事性和主题

设计师通常以某个特定主题为灵感，运用装饰元素、家具和配色方案等，构建出与主题相关的独特意境。这一主题可以源自特定的历史时期、文化风格或抽象概念，如以维多利亚时代为主题的设计会使用复杂的花纹、丰富的织物和精致的家具，营造出典雅复古的感觉。

（三）空间感和奇幻效果

意境美注重营造独特的空间感和奇幻感。设计师通过巧妙的空间布局、灯光效果、镜面反射等手法，创造出空间感和奇幻感，带给人们一种超越日常生活的奇妙感觉。例如，镜面墙壁和灯光反射可以使空间显得更大，增强视觉上的深度和层次感，增添奇幻效果（图 1-19）。

（四）自然元素的融合

意境美强调自然元素的融入和空间的和谐统一。设计师通过运用自然材料、绿植和自然光等，营造出与自然环境相连的宁静、放松的氛围。这种自然元素的运用不仅提升了空间的舒适度和温暖感，还能使人们感到与自然的亲密联系，从而提升整体的生活质量和幸福感。

（五）音乐

意境美强调音乐的运用，以增强特定的氛围。舒缓的背景音乐或自然声音能够为空间增添独特的情感维度和氛围。例如，在一个静谧的阅读空间中，播放轻柔的音乐或自然界的声音，可以使人们更加放松和专注。声音设计在提升空间体验感和引发情感共鸣方面起着重要的作用。

图 1-18　利用灯光营造温馨的氛围

图 1-19　镜面墙壁设计

本章习题及答案

第二章　室内设计的内容、分类和程序步骤

第一节　室内设计的内容

随着人们生活质量的提高，现代室内设计的内容更丰富、范围更广泛、层次也更深入。了解室内设计的相应设计内容是进行有针对性设计的基础。室内设计实质上是对室内环境的综合设计，包括室内环境本身，室内的声、光、热等物理环境，以及居住者主观心理感受的考虑。具体而言，室内设计的内容主要包括以下几个方面。

一、室内空间组织和界面处理

在室内设计中，对空间的设计是其核心和基础，直接影响着空间的舒适性和使用便捷性。建筑提供的空间未必完全满足人们的活动需求，因此室内设计师需要对现有空间进行客观的调整、重组和改进，以创造出合理的使用空间。首先是空间规划，即对空间功能的合理组织，确保各功能区域的布局合理，满足用户的需求，包括考虑到活动类型、人流量、工作流程等因素，以实现最佳的空间利用和功能性布局。其次，是对形式的完善与界面的处理（图 2-1），这不仅要考虑功能性，还要注重美学和舒适性，涉及室内空间与外部环境之间的过渡和连接，包括墙面、地面、天花板等界面的处理。设计师需要将建筑结构构件和安装设施与界面形式融合，以实现空间的功能性和美观性的统一。例如，需要综合考虑建筑结构构件（如梁、柱等）和安装设施（如公共空间中室内顶棚内的风道、消防喷淋、烟感及水、电等相关必要设施），将其与界面形式巧妙结合，以丰富室内空间的功能和形式（图 2-2）。

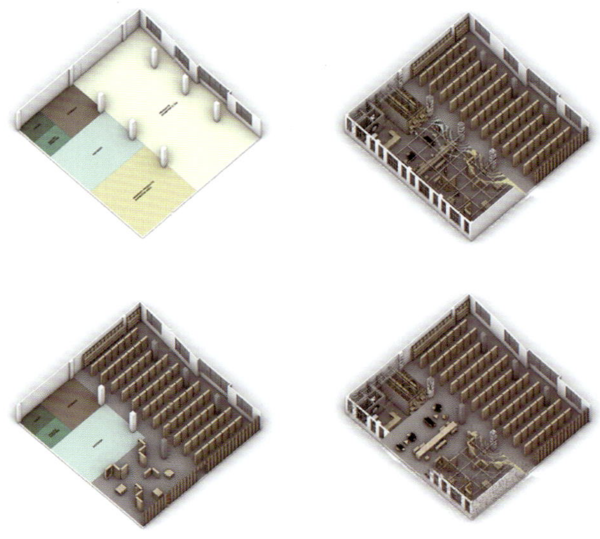

图 2-1　展厅围合过程 帕奇设计 东莞 EverShine

图 2-2　中国土家织锦艺术博物馆 风合睦晨空间设计

二、室内照明、色彩和材质设计

在室内设计中，照明、色彩和材质这三者是密不可分的关键要素，它们共同营造了空间的氛围和表现力。室内空间照明的光源主要来自自然采光和人工照明两部分。光源不仅为生活、工作于室内的人们提供必要的采光需要，还能够对形与色起到修饰作用，并营造丰富的空间效果（图 2-3）。有了光线，色彩就成为室内设计中最为活跃的元素，不同使用功能和使用性质的空间则需要不同的色彩与之相适应，合理运用色彩可以改变人们对空间的视觉感受和情绪体验，满足用户的需求和偏好。材质作为一个重要载体，不仅影响着空间的质感，还能够赋予空间独特的风格。不同的材质具有不同的特性和表现力，可以为空间增添层次和趣味。

三、室内配饰物的设计和选用

室内设计中的配饰物是空间的点睛之笔，包括家具、装饰品、灯具等。它们不仅满足一定的使用功能，还承担着美化环境、营造氛围的作用（图 2-4）。因此，配饰物的设计和选用应遵循与空间使用功能和环境相协调的原则。首先，需要根据空间的功能和使用者的需求，确定配饰物的种类、数量和布局。其次，要考虑配饰物与空间风格的统一性和协调性，确保它们与整体设计风格相符。此外，还需要考虑配饰物的材质、色彩和质感，以及与其他元素的搭配和组合，使其在空间中起到点缀和平衡的作用。

另外，从室内设计的整体过程来看，相应的构造及施工设计也是室内设计中十分重要的内容。优秀的设计创意需要通过合理有效的施工工艺和构造做法来实现，这个过程的实施也是优秀的设计师必备的一项技能。

图 2-3　米兰设计周艺术装置照明设计 OMASOLIDNATURE“超越表面”

图 2-4　住宅陈设设计

第二节　室内设计的分类

室内设计的内容广泛，涵盖多个领域，了解和掌握其分类有助于我们有目的地开展设计工作。室内设计可以根据不同的标准进行分类，包括功能、使用周期和投资标准等。

一、按功能分类

室内设计按功能可分为居住建筑室内设计、公共建筑室内设计、工业建筑室内设计、农业建筑室内设计和交通工具内部室内设计（表 2-1）。

表 2-1　室内设计按功能分类

种类	内容	关键
居住建筑室内设计	主要针对住宅空间，包括客厅、卧室、厨房、卫生间等	注重提升生活舒适度和居住体验
公共建筑室内设计	涵盖了商业、办公、教育、医疗等公共场所的设计	旨在满足大众需求并提升空间的功能性和美观性
工业建筑室内设计	主要关注工业生产和制造场所的设计，包括工厂、车间、仓储等	以提高生产效率和工作环境安全性为目标
农业建筑室内设计	专注于农业生产场所的设计，包括温室、养殖场、农田管理中心等	以提高农业生产效率和产品质量为核心
交通工具内部室内设计	主要涉及飞机、火车、船舶等交通工具内部空间的设计	旨在提供舒适、安全的乘坐体验

二、按使用周期分类

室内设计按使用周期可分为短期室内装修、中期室内装修、长期室内装修（表 2-2）。

表 2-2　室内设计按使用周期分类

种类	内容	关键
短期使用的室内装修	针对使用周期较短的场所，如临时展览、活动场地等	装修周期相对较短，通常采用简化的设计方案
中期使用的室内装修	适用于使用周期较长但需求可能会变化的场所，如租赁办公室、餐厅等	设计需要兼顾灵活性和实用性
长期使用的室内装修	针对长期使用的场所，如私人住宅、商业建筑等	设计需考虑长期的舒适性和实用性

三、按投资标准分类

室内设计按投资标准可分为经济型翻新投资室内设计、适用型翻新投资室内设计、完整型翻新投资室内设计（表 2-3）。

表 2-3　室内设计按投资标准分类

种类	要求
经济型翻新投资室内设计	注重在有限的预算下实现基本功能和美观效果，通常采用简单、实用的设计方案
适用型翻新投资室内设计	在一定投资范围内追求更高的设计品质和舒适度，注重性价比和实用性的平衡
完整型翻新投资室内设计	投资相对较高，追求更高水平的设计创新和个性化定制，注重细节和品质的提升

总体而言，室内设计的分类是根据不同的需求和标准进行的，旨在更好地满足用户的使用需求和审美追求。不同类型建筑的室内设计在设计理念和主要房间布局上有所不同，因此设计师需要根据具体情况制订针对性的设计和方案。例如，纪念性、宗教性建筑的主厅需满足其特殊的功能和文化意义，因此在设计中，强调其纪念性、艺术性和文化意义等精神功能显得尤为重要。相比之下，工业、农业等生产性建筑的车间则对生产工艺和室内空间的物理环境有更严格的要求，如温度、光线、机械、设备等方面。

另外，如果从空间形态和组合特征来进行分类，那么室内设计也可以分为不同类型，包括大空间、相同空间的排列组合、序列空间，以及交通联系空间等。这些不同类型的空间在设计过程中需要考虑其各自的特点和设计方法。例如，大空间，如会场、剧场的观众厅、体育馆等，由于体量较大，设计时需要考虑顶盖结构、空调及消防设施，以及空间内的人员视听和疏散安全等方面的特殊要求。相同空间的排列组合主要指室内空间的布局与组合，如教室、办公室等。有序空间则强调人们按照一定顺序通过各个使用空间，如博物馆、展览馆、火车站、航站楼等。交通联系空间是指大堂、大厅、走廊、电梯厅等。

第三节　室内设计的程序步骤

室内设计的程序步骤可以根据不同阶段的设计任务和要求分为设计准备阶段、方案设计阶段、施工图设计阶段、设计实施阶段（图 2-5）。

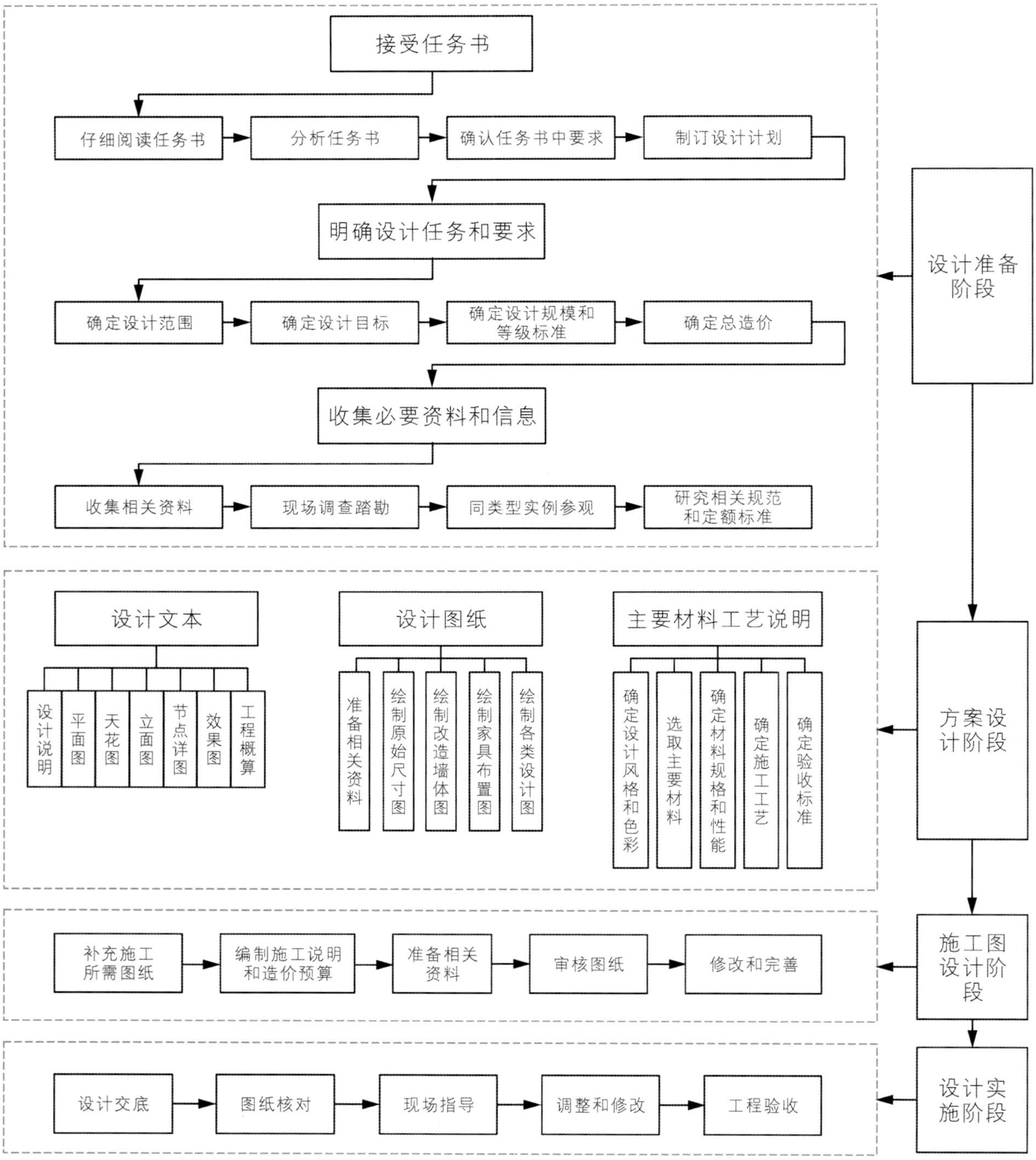

图 2-5　室内设计的程序步骤

一、设计准备阶段

在设计准备阶段，设计师需要与甲方（业主）进行充分交流，听取其意见或者采纳委托方的任务书或招标要求，并据此制订设计计划，确保项目顺利进行。这个阶段的主要内容包括：

（一）接受任务书

任务书是室内设计师与甲方之间的重要沟通文件，其中明确了设计项目的各项要求、预算、时间安排等内容。设计师接受任务书时需要仔细阅读任务书，全面了解任务书中所列的要求和指导，对任务书进行深入分析，确保全面理解其中的内容和要求。设计师应与甲方确认任务书中的具体要求，以避免后续工作中可能出现的误解或偏差。根据任务书中的要求，制订详细的设计计划，明确工作流程和时间节点。

（二）明确设计任务和要求

在设计准备阶段，明确设计任务和要求对后续的设计工作至关重要。设计师需要确定设计项目的范围，包括空间大小、功能要求等方面。另外，还要确定设计的总体目标和期望达到的效果，以指导后续设计的方向和重点。根据项目的实际情况和预算要求，确定设计的规模、等级标准和总造价，以确保设计的可行性和可实施性，并在设计过程中严格控制成本。

（三）收集必要资料和信息

在设计准备阶段，收集必要的资料和信息对后续的设计工作同样至关重要。收集相关资料，包括历史资料、市场调研报告、行业标准等，以帮助设计师全面了解项目背景和行业情况。设计师还要对项目所在地进行现场调查和踏勘，了解环境特点和空间条件；参观类似类型的室内设计项目，借鉴和学习其他成功案例的经验和教训；研究国家和行业相关的规范和标准，以确保设计方案符合法律法规和行业标准。

二、方案设计阶段

在方案设计阶段，设计师通过文本和图纸的形式将设计方案呈现给甲方，并明确主要材料和工艺的选择和规范，以确保设计的实施和完成。

（一）设计文本

在方案设计阶段，设计师需要通过设计文本明确方案设计的关键内容和要求。设计文本的主要内容包括设计说明、平面图、天花图、立面图、节点详图、效果图、工程概算等。设计师需要清晰地阐述设计方案的理念、主题、功能需求等，并提供方案的平面布置、天花设计和立面展示，以便甲方全面了解空间设计。设计师对设计中的关键节点进行详细说明，确保施工和装修的准确性；通过逼真的效果图展示设计方案的视觉效果，帮助甲方更直观地理解设计意图；对设计方案的预算进行初步估算，以便甲方了解项目的成本情况。

（二）设计图纸

设计图纸是设计方案的具体表现方式之一，需要细致准确地呈现方案的各个方面。设计图纸时，设计师先要收集并整理设计所需的相关资料和信息，包括平面布置、尺寸要求等；然后根据设计要求，绘制空间的原始尺寸图，确定各功能区域的布局。设计师应该对需要进行改造的墙体进行详细的设计和标注，确保施工的准确性；安排家具和设备的布局，使其符合空间功能和美学要求；对天花和地面的设计进行细化和表现，确保施工的质量和效果。

（三）主要材料工艺说明

主要材料工艺说明是设计方案实施的重要指导依据，需要明确设计的风格、色彩和材料选择。设计师根据项目需求和甲方偏好，确定设计的整体风格和色彩方案，选择合适的主要装饰材料；确定所选材料的具体规格和性能指标，以满足设计要求和质量标准；还要确定施工过程中所需的具体工艺和操作流程，以确保施工的顺利进行；制定材料和工艺的验收标准，以确保施工质量符合设计要求。

三、施工图设计阶段

施工图设计阶段是将初步设计方案转化为具体施工指南的关键阶段。设计师需要以高标准和精细化的设计，确保施工的准确性和质量，同时与甲方保持良好的沟通和反馈，以满足其需求和期望。以下是施工图设计阶段的主要内容及步骤：

（一）补充施工所需图纸

在施工图设计阶段需要补充所需图纸，确保施工所需的所有图纸都准备齐全，以便指导施工过程。这包括平面布置图、室内立面图等，这些图纸是施工的重要依据。

（二）编制施工说明和造价预算

在施工图设计阶段，设计师要详细说明施工过程中的各项内容，包括施工范围、施工内容、施工方法、验收标准等，并编制相应的造价预算，以便控制施工成本，确保项目的经济性和可行性。

（三）准备相关资料

在施工图设计阶段，需要准备相关的资料，如工程量清单、材料清单、施工计划等，这些资料为施工过程提供指导和支持，确保施工的顺利进行和质量达标。

（四）审核图纸

在施工图设计阶段，设计师要对图纸进行严格审核，确保图纸的正确性和完整性；同时与施工单位进行沟通和协调，以确保施工质量和进度，避免后期可能出现的问题和返工。

（五）修改和完善

在施工图设计阶段，可能需要对图纸进行修改和完善，以满足实际施工需求和规范要求。设计师应充分考虑方案的可实施性和细节，确保施工图的准确性和质量。

施工图设计阶段承上启下，既是对方案设计阶段的细化和深化，也是为后续的施工和验收阶段提供指导和支持的重要步骤。设计师在这个阶段的工作将直接影响项目的实施效果和最终成果。

四、设计实施阶段

设计实施阶段是室内设计的最后一环，也是实现设计成果的关键阶段。在这个阶段，设计师需要确保施工单位按照最终确认的施工图纸进行，并与甲方保持沟通，根据需要进行调整和优化，以确保施工质量和进度符合预期，最终完成整个设计项目。在施工结束后，设计师需要与甲方共同进行工程的验收和交付工作，确保项目的质量和功能符合甲方的需求和期望。设计师还需要提供相应的保修服务，以保障客户的利益和权益。以下是设计实施阶段的主要内容及步骤：

（一）设计交底

在施工前，设计师应向施工单位进行设计交底，解释设计意图、施工要求和注意事项，以确保施工质量和进度。

（二）图纸核对

在施工过程中，设计师需要对施工图纸进行核对，确保其符合实际施工需求和规范要求，以避免施工中出现偏差和问题。

（三）现场指导

设计师要到施工现场进行指导，帮助施工单位解决施工中遇到的问题，确保施工质量和进度，及时调整和优化设计方案。

（四）调整和修改

根据施工实际过程，设计师需要对图纸进行调整和修改，以满足实际需求，并确保施工的顺利进行和质量达标。

（五）工程验收

施工结束后，设计师会同质检部门和建设单位进行工程验收，检查施工质量是否符合设计要求和规范标准，确保项目的最终完成和质量达标。

总之，室内设计的程序步骤中，设计实施阶段是实现设计成果的重要阶段，需要设计师与施工单位密切合作，确保施工质量和进度，最终实现优秀的设计作品。

本章习题及答案

第三章　室内设计的依据、要求和特点

现代室内设计是根据建筑的特色、环境和相关标准，从实际问题入手，运用材料和技术手段、建筑和美学原理等，创造功能合理、舒适宜人、满足人们理想需求的室内空间环境。这一室内空间环境除了具有使用价值外，还要能反映当地的民俗文化和人们的生活习惯，甚至可以在一定程度上影响人们的生产和生活方式。要设计出这样的室内空间，必须了解室内设计的依据和要求，以及它的特点。

第一节　室内设计的依据

一、环境与建筑物的功能特点

现代室内设计强调以人为本，注重生态平衡和可持续发展。在进行室内设计时，设计师首先必须充分掌握建筑物的周边环境、设计意图、结构构成和设施设备等情况，其次需了解建筑物所在地区的自然和人工条件、人文景观和地域文化。例如，北京和上海的市区旅馆与广西桂林或海南三亚的沿江或海岸旅馆，其建筑外观和室内环境设计会因地域差异而有所不同。这种设计理念体现了“从外到里”和“从里到外”的一体化设计思路。

二、人体尺度和动作域

人体尺度和动作域是室内设计的基础依据。其中，人体尺度是人体在室内完成各种动作时的活动范围，动作域则是人们在室内工作和生活的活动范围大小。设计师需要考虑人体在室内停留、活动、交往和通行时的空间范围，以确定门扇的高度和宽度、踏步的尺寸、窗台和阳台的高度、家具的尺寸及相间距离、楼梯平台和室内净高等基本尺寸。

三、家具、灯具、设备、陈设等的尺寸和空间要求

室内空间除了人的活动外，主要的占用物包括家具、灯具、设备（如空调器、热水器、散热器、排风机等）和陈设物品，设计时需要考虑这些物品的尺寸和安置时所需的空间范围。例如，宾馆门厅和高雅餐厅中的绿化和水石小品也会影响空间组织和分隔。

四、室内空间的结构构成、构件尺寸及设施管线

室内空间的结构体系、柱网的开间间距、楼面板厚梁高、风管截面尺寸，以及水电管线的走向和铺设要求，都是室内设计师必须考虑的因素。某些设施，如风管截面尺寸和水管走向在与相关工种协商后可以调整，但其仍然会制约室内设计的布局。

五、符合设计环境要求的装饰材料和施工工艺

室内设计的实现需要设计师选用适当的装饰材料和可行的施工工艺来完成。设计师必须在开始设计

时就考虑这些因素，以保证设计图纸能够顺利实施。

六、投资限额和建设标准

具体而明确的经济和时间条件是现代室内设计工程完成的重要前提。室内设计与建筑设计的不同之处在于，室内装修费用可以因标准不同而相差数倍。例如，普通旅馆大堂的装修费与五星级宾馆大堂的装修费可能相差甚远。投资限额和建设标准是室内设计的必要依据因素，不同的工程施工期限也会影响设计中的材料选择和界面处理手法。

第二节 室内设计的要求

一、使用合理的室内空间组织和平面布局

室内设计应该以满足使用功能为首要目标。设计师通过科学合理的空间组织和平面布局，确保室内声、光、热等环境效应的优化，进而实现高效和舒适的物质功能需求。设计师需要考虑人的行为模式和活动流线，来确保空间使用的便利性和实用性。

二、造型优美的空间构成和界面处理

设计师应注重空间构成的整体美感，通过巧妙的界面处理、合理的光线配置、协调的色彩和材质选择，营造出宜人的室内环境。美学设计不仅要满足视觉上的愉悦感，还要兼顾空间的文化内涵和艺术氛围，从而提升居住者的精神体验。

三、合理的装修构造和技术措施

首先，选择合适的装饰材料和设施设备，注重材料的质感、耐久性和环保性能。其次，采用科学的技术措施，确保施工过程的高效和安全。设计师应在经济预算与美学效果取得平衡，合理分配资源，确保项目的可持续性和经济适用性。

四、安全规范

设计师必须严格遵守国家和地方的安全规范，包括安全疏散、防火、卫生等各项标准。此外，设计师还需要熟悉相关法律法规，确保设计的每处细节都符合安全要求，以保障使用者的生命和财产安全。

五、适应调整和更新

考虑到室内环境的动态变化，室内设计应具备一定的灵活性，便于日后的功能调整和装饰材料、设备的更新。设计师需要充分调研，预见未来可能的变动，预留空间和接口，以便于快速适应新的需求和技术发展。

六、环境友好

室内设计应贯彻可持续发展的理念，强调节能、节材和防止污染。设计师需要优先选择环保材料，优化能源使用，减少对环境的负面影响。设计师还应该注重空间的高效利用和节约，创造符合生态要求的室内环境。

七、现代工业化设计与施工工艺

在现代工业化发展的背景下，室内设计可以更多地采用工厂预制、现场安装为主的施工工艺，特别是在住宅等大规模建筑中，这种工艺尤为重要。工业化设计与施工不仅提高了效率和质量，还降低了成本和资源浪费，符合现代建筑室内设计的发展趋势。

第三节　室内设计的特点和发展趋势

一、室内设计的特点

（一）对人们身心的影响更为直接和密切

室内设计直接影响到人们的安全、健康、工作效率和心情等。设计师应该更多地从有利于人们身心健康和舒适的角度去考虑，创造出使人们感到幸福、舒适的环境。这包括对光线、空气质量、噪声控制和人体工程学的细致关注，以确保每个设计元素都能符合人们对健康和舒适的要求。

（二）对室内环境构成因素的周密考虑

现代室内设计要求对光环境、视觉环境、热环境和声环境等构成因素进行全面的考虑，并尽量达到定量的标准。设计师应该通过精确的测量和娴熟的设计手法来优化这些环境因素，以创建既和谐又高效的室内空间。

（三）设计美学的集中反映

室内设计综合反映了空间形态美、功能技术美和装饰工艺美，与建筑设计、装饰艺术和工业设计关系密切。这就要求设计师具备广泛的艺术素养和技术知识，能够在美学与功能之间找到平衡，创造出既实用又美观的空间。

（四）室内功能变化、材料与设备的老化与更新

室内设计与时间因素也有紧密关联，因为当前流行的设计风格，可能过几年就不流行了，就需要更新。因此，设计师需要考虑“动态设计”和“潜伏设计”等设计新观念，以适应未来的功能变化和设备更新问题。例如，使用模块化设计和灵活的布局方案，以便于未来的改造和升级。

（五）高科技含量和附加值

现代室内设计往往具有自动化、智能化等要求，这些要求增加了设计的科技含量与附加值。设计师应该利用人工智能技术，进行智能化的设计优化和综合性的环境控制，以提升空间的适应性和用户体验感。例如，智能照明系统和环境控制系统可以根据用户行为和偏好自动进行调整，以提供最优的舒适度和能效。

二、室内设计的发展趋势

（一）学科独立性与多学科结合

室内设计学科的日益独立性体现在设计理念和方法论的自成体系，这一独立性增强了设计师在创作中的自主性和专业性。然而，室内设计作为一个综合性的学科领域，其有效发展必须依赖于其他学科。建筑学提供了结构和空间布局的基础，环境心理学帮助设计师理解和优化人们在空间中的行为和情感反应，人体工程学确保设计满足人体舒适性和安全性的需要，材料科学带来了新型环保材料和先进施工工

艺，AI 技术则为现代室内设计注入了自动化和智能化的元素。多学科融合不仅拓宽了设计师的知识面，还提升了设计方案的科学性和实用性，推动了室内设计的创新与发展。

（二）多层次、多风格的发展趋势

现代室内设计呈现多层次、多风格的发展趋势，这反映了社会需求的多样性和个性化。在设计过程中，设计师不仅需要考虑空间的使用功能，还要深入挖掘室内空间的文化内涵和精神需求。例如，高档商业空间可能追求奢华感与前卫感，而家庭住宅更注重温馨感和实用性。因此，设计师需要具备敏锐的洞察力和创新能力，以创造出既满足功能需求又富有文化内涵的空间环境。

（三）专业设计与大众参与

现代室内设计越发重视用户的参与。设计师通过与用户的互动，倾听他们的需求和意见，从而在设计中更好地体现人性化和个性化。这种参与不仅有助于设计师理解用户的实际需求，还有利于其在设计过程中不断调整和优化方案，使最终的设计成果更符合用户的期望。未来，设计师更注重与用户的沟通和合作，同时借助现代信息技术［如虚拟现实（VR）和增强现实（AR）］实现大众参与室内设计的目标。

（四）设计、施工、材料、设施、设备之间的协调

现代室内设计需要高度的协调性。设计、施工、材料、设施、设备等环节的紧密配合，是实现高质量室内设计的关键。设计师不仅要考虑美学和功能，还需要统筹施工工艺与技术，实现设计方案的最佳效果。这种协调不仅体现在设计图纸和施工工艺上，更包括材料选择、设备配置等方面，确保设计的可行性和实施效果。

（五）优先考虑干式作业和块件安装

随着建筑工业化的发展，干式作业和块件安装成为室内设计施工的优先选择。这种方法不仅能提高施工的效率和质量，还能够减少现场施工的污染和噪声，有利于节约资源和保护环境。设计师在方案中需要预留足够的空间和接口，以适应未来的功能调整和设施更新，这样有利于室内空间的灵活变换及长久使用。

（六）环境友好型设计

环境友好型设计是现代室内设计的核心趋势之一。在可持续性发展的大背景下，设计师需要高度重视资源的节约与环境的保护。选择“绿色”装饰材料，采用节能、环保的技术和工艺，减少对自然环境的影响，已成为设计师们的共识。室内设计还需关注空气质量、采光、通风等因素，以创造一个有利于人们身心健康的居住和工作环境。

现代室内设计师需集美学创造者、环保守护者、科技驾驭者及幸福生活的推动者于一身，不断精进专业知识与技术，同时跨学科提升建筑设计、材料科学、人体工程学、环境心理学及艺术表达等综合素养。面对 AI 技术浪潮，设计师应掌握相关工具与方法以提升设计效率与创新能力，创造出引领时代潮流的卓越作品，推动室内设计行业向更高层次发展。

本章习题及答案

第四章　室内空间组织与界面处理

第一节　室内空间的概念及特性

室内空间是一个多维度、综合性的概念，它超越了物理边界，融合了功能、美学、社会文化与环保等多重特性。从物理维度看，室内空间由高度、宽度、深度等量化参数界定，赋予其形状与体量，以满足多样化的功能需求。在此基础上，色彩、纹理、光照等视觉与感觉因素共同塑造了空间的美学特质，影响着人们的心理与行为反应。可以说，室内空间是一个融合了多种元素和特性的综合体，它是物理结构、功能需求、感官体验，以及社会和文化因素的交织和体现。

一、室内空间的基本概念

室内空间作为人类行为与需求的产物，深刻体现了社会、科技及文化的交融与变迁。室内空间形态超越了自然界的范畴，成为承载人类从基本物质需求到高层次心理情感需求的载体。其定义与内涵因时代、文化背景的演进而不断丰富与拓展。

在传统观念中，室内与室外的界线比较清晰，多由地板、天花板及四周围墙明确界定。然而，在现代设计思潮的影响下，非传统空间形态层出不穷，室内外界线趋于模糊（图 4-1）。此时，顶盖作为标志性元素，成为区分室内外的关键。标准室内空间，则普遍具备地板、天花板与墙面等基本构成，为居住者提供明确的围合感（图 4-2）。

面对多样化的空间形态，我们虽难以明确室内空间的概念，但深入分析其特性对于室内设计创新至关重要。通过调整天花板高度、地板与墙面的延伸方式，设计师能够巧妙地增强或弱化空间感，以满足不同场景下的使用需求。此外，利用窗户与开口引入自然光，不仅丰富了室内光线层次，更赋予了空间以独特的情感氛围，实现了室内外环境的和谐共生。因此，深刻理解室内空间的多维属性，对于推动室内设计领域的持续进步与创新具有重要意义。

图 4-1　可移动的穿孔铝板营造出无边界的空间

图 4-2　标准室内空间

二、室内空间的特性

室内空间作为人类活动的主要载体，其特性丰富且多维，既体现功能性又蕴含美学性。从基本特性而言，功能性是室内空间设计的核心，这直接决定空间的布局、尺度及材料选择；同时，美学性亦不可或缺，色彩、纹理、光照等元素的巧妙运用，可营造出独特的空间氛围，影响使用者的心理与行为。

相较于室外空间，室内空间更侧重于人造因素的协调，如家具、灯光、装饰等元素的和谐共存。室内空间的局限性使其在视距、视角上设定了边界，但光照条件的运用可以形成与室外截然不同的明暗对比效果，进而影响物体尺度与色彩的表现。此外，室内空间对人的生理与心理状态有着更为直接的影响。频繁的物理接触与高度敏感的视觉、触觉体验，使得室内环境成为影响人们情绪与行为的关键因素。在现代室内设计中，随着人们健康意识的提高，自然采光、通风与空气质量的重要性日益凸显。设计师需考虑如何将自然元素融入室内空间，以实现人与自然的和谐共生（图 4-3）。室内空间的封闭性也要求设计师必须关注室内环境对人的心理影响，应创造既舒适又健康的居住环境。

综上所述，室内空间的特性是功能性与美学性、人造元素与自然元素的巧妙融合，是对人心理与生理需求的全面考量。深入理解这些特性，有助于设计师更好地把握室内空间设计的精髓，创造出既满足功能需求又富有美感的室内环境。

第二节　室内空间的组合类型

室内空间的分类基于不同的角度具有不同的类型，使用者在体验空间时，常基于其感受来定义空间，设计师则通过设计策略来塑造并定义空间。下面，我们将深入探讨室内空间的多种类型。

一、空间的分类

（一）固定空间与可变空间

从使用者的视角观察，室内空间可细分为固定空间和可变空间两类。固定空间为使用者提供了明确的活动导向，如休息室和厨卫。固定空间（图 4-4）中的装修、施工及其布局均围绕其核心功能而设计，具有明确的边界和用途，为使用者提供稳定和一致的体验。与之相对，可变空间（图 4-5）则为使用者提供更多的可能性和选择，如客厅、书房、大堂或阳台等，使用者可以根据需要进行多种活动，如组织聚会、阅读、休闲娱乐等。从这个角度来看，使用者的体验与设计师的策略都对空间的分类产生了影响，设计师通常会考虑其多功能性和灵活性，以确保空间能够适应不同的使用需求。

图 4-3　室内空间自然采光的引入

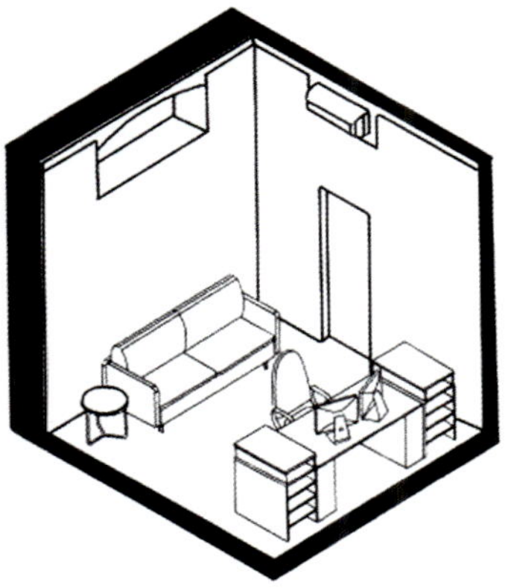

图 4-4　固定空间

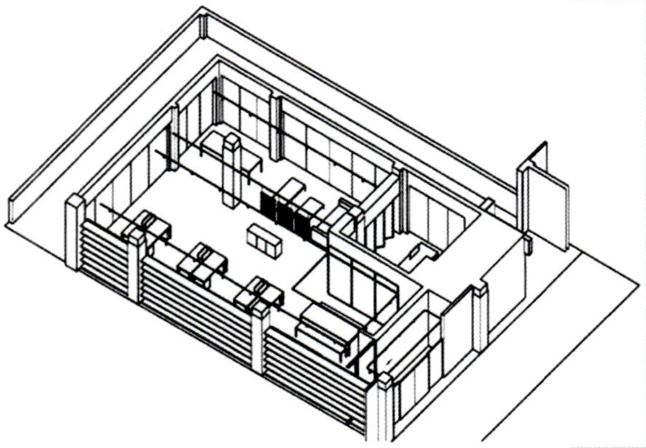

图 4-5　可变空间

（二）静态空间与动态空间

静态空间（图 4-6）的主要特点是稳定、集中和封闭。设计师通过几何结构、连续的墙体与顶棚，以及紧凑的空间布局来营造静态空间，其功能变得明确而专一，为使用者提供一个更为集中和内向的体验。例如，传统的图书馆阅览室或私人办公室通常被设计为静态空间，以提供安静和专注的环境。动态空间（图 4-7）与静态空间相对照，表现为开放性、流动性和多变性。设计师在这类空间中常打破传统的空间边界，使用各种设计元素，如弧线、斜线和圆形等，以引导并延伸使用者的视觉体验，使用者能够在单一的空间中感到多个空间维度的存在。动态空间不只是对视觉的引导和挑战，它还通过隔断、结构和其他设计构件来引导使用者的行为和动作，真正实现空间的动态性。例如，现代的开放式办公室或商业展览空间常设计为动态空间，以促进人们的交流和互动。

空间的设计和分类不仅基于其固有属性或功能，更多的是基于使用者的体验和互动。其中，设计师的策略和手法起到了至关重要的作用。

（三）开敞空间与封闭空间

开敞空间（图 4-8）的特征是开放或至少是半开放的，开敞空间常具有公共或半公共的性质。设计者在构造这种空间时，通常选择打破传统墙体的界线，确保至少有一侧是面向外界的，这样设计能给予使用者接触并感知外界元素（如空气、光线和声音等）的机会。例如，露台、阳台和大型开放式客厅都是典型的开敞空间。通过引入自然元素，可增强这些空间的通透性和互动性。相较之下，封闭空间（图 4-9）更为静止和内向。该类空间的设计目标主要是提供一个稳定且与其功能相匹配的环境，如卧室、卫生间和办公室等需要给使用者一种隔绝外界的感觉。为满足这种需求，设计师通常会选择完全围合空间，限制其对外界的透明度，以创造一个更为宁静、私密和稳定的环境。这样的设计能够有效地隔绝外部干扰，提供一个专注和放松的场所。

无论是开敞还是封闭的空间设计，最终的目标都是满足使用者的需求，确保他们在这些空间中获得最佳的体验。设计师的任务是通过各种策略和方法来实现这些目标，以创造出符合使用者需求的理想空间。

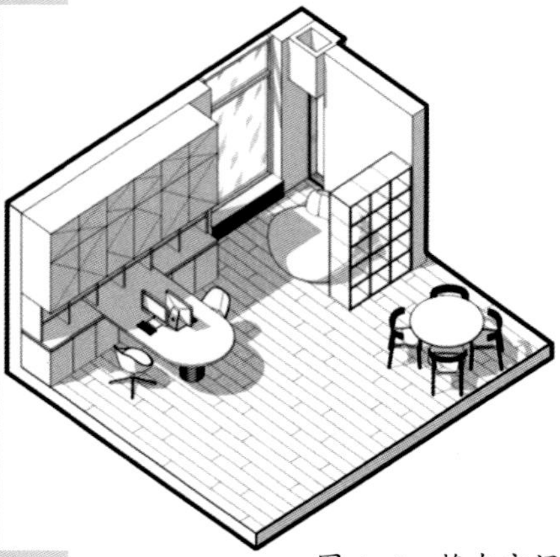

图 4-6　静态空间

（四）既定空间与模糊空间

既定空间（图 4-10）是根据使用者的特定功能需求来进行设计的，设计师会根据预期的功能来制订详细的设计方法和策略。例如，在设计一个卧室时，设计师需要注重其温暖、私密和舒适的特性，合理选用墙

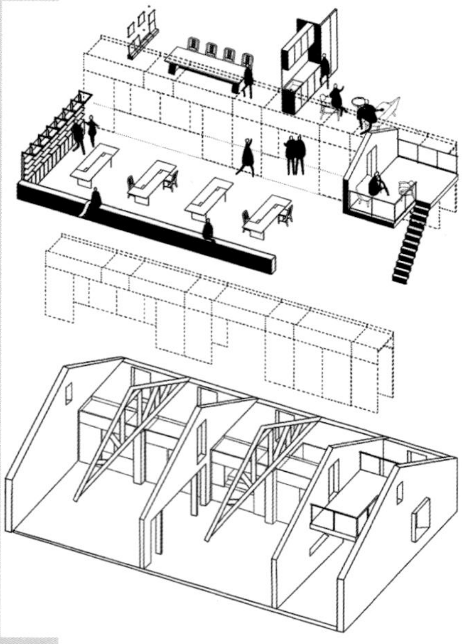

图 4-7　动态空间

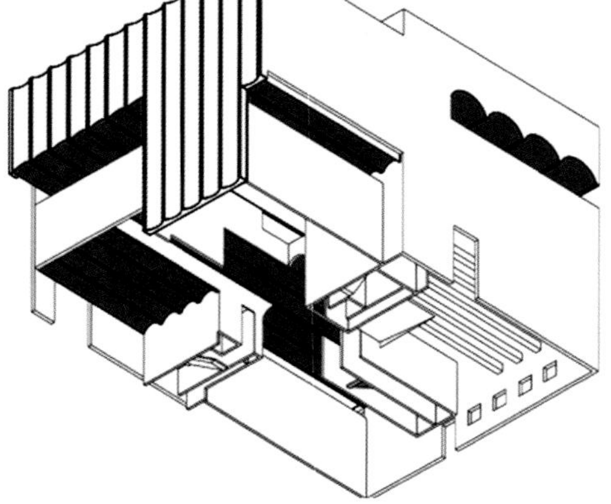

图 4-8　开敞空间

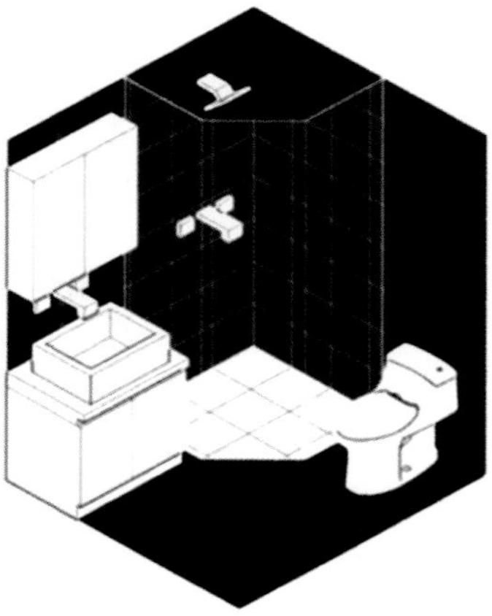

图 4-9　封闭空间

体的色彩、材料与灯光的色温和照度，用来满足空间使用者的特定需求。然而，既定空间的功能也并非一成不变，其主要功能也会随着使用者需求的变化而调整，如儿童房可能随着孩子的成长逐渐变为青少年的卧室或家庭的办公空间。

模糊空间（图 4-11）的特点是不受某一既定功能的限制。设计师在对场地进行设计时，并不需要对该场地的功能进行具体设置，从而为该空间的功能提供更多的可能性。例如，一个开放式厨房，除了具备烹饪的功能，还可以作为用餐或社交的场所。同样，客厅除了日常休闲，还可以用于办公、锻炼或其他活动。设计师通过模糊空间的设计，赋予使用者自主权，使用者能够根据自身需求自由地配置和利用空间。

在室内设计中，既定空间和模糊空间都有其独特的价值：既定空间为使用者提供了预期的功能体验，模糊空间则给予了使用者更多的自由和可能性。设计师的任务是平衡这两种空间类型，确保设计既具有功能性，又具备一定的灵活性，从而满足不同使用者的多样化需求。

（五）虚拟空间与虚幻空间

虚拟空间（图 4-12）的设计目标是创建出一种给人视觉或感知上的变化，但实际上实体空间中并没有发生真正的划分。设计师可能会运用地面或天花板的高低变化、色彩的渐变、材质的差异等手法来营造出这种效果，如通过地面的抬高或降低、墙体的色彩变化等手法，为使用者营造出不同的区域感。尽管这个大空间在物理上并没有被分隔，但使用者会在视觉和心理上感受到空间的变化，从而形成所谓的“虚拟空间”。

虚幻空间（图 4-13）的设计则更为注重给人创造一种超越实体空间的感受。使用镜面、高反射率材质、水面等元素，可以极大增强空间的广度和深度感，这些设计手法不仅能够扩展空间，还能为使用者带来一种仿佛空间无穷大或深远的感受。例如，镜面的反射可以使空间看起来更加广阔，水面的反射可以增加空间的深邃感。当人们置身于这样的空间中，他们会感受到一种与实际空间尺寸完全不同的深远和广阔，这种体验便是虚幻空间带来的效果。

简而言之，虚拟空间和虚幻空间都是设计师利用各种手法为使用者营造的特殊体验，它们都在视觉和心理上给使用者带来一种不同于实体空间的认知，为室内设计带来了更多的可能性。

（六）子母空间

子母空间设计允许空间在功能、流动性和视觉上产生层次，它为大空间提供结构，而为小空间提供定义与目的，明确小空间的功能。

母空间（图 4-14）也叫主空间，通常作为活动的主要区域。一个客厅可以作为家庭的母空间，而沙发区、餐桌区或电视区域则可以被视为该母空间

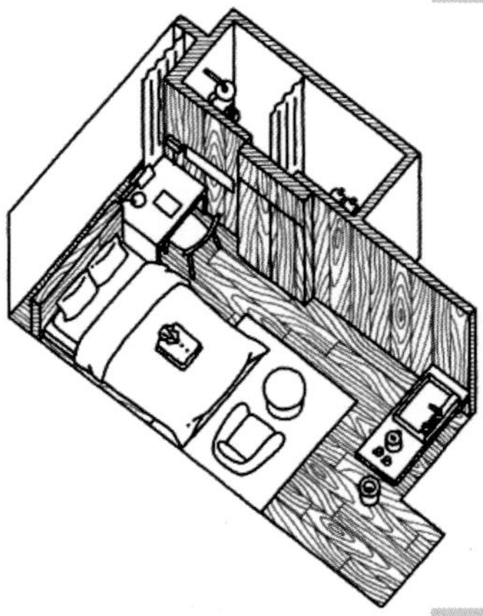

图 4-10　既定空间

图 4-11　模糊空间

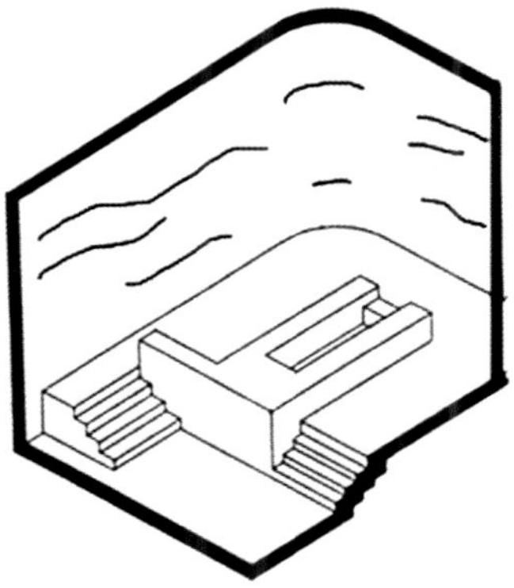

图 4-12　虚拟空间

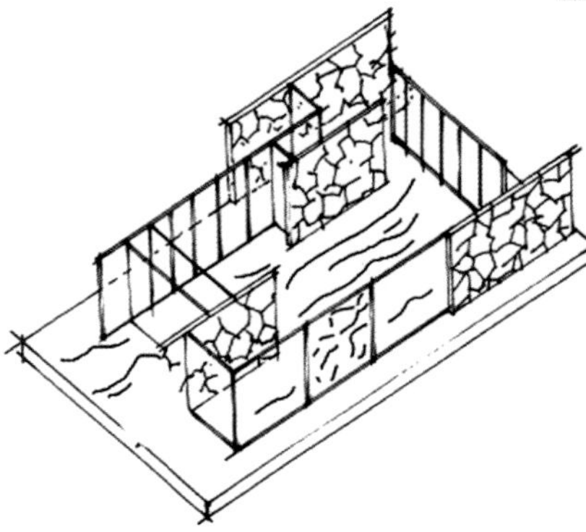

图 4-13　虚幻空间

内的子空间。子空间（图 4-15）也叫次空间，通常有特定的功能，如阅读角、工作台或儿童游戏区。

子母空间的设计可以为一个大空间创造出丰富的视觉层次感，使之不显单调。设计师通过材料、颜色和照明的巧妙运用，可以进一步强调子空间和母空间之间的区别。此外，子母空间设计还可以增强空间的流动性，赋予空间一定的灵活性。例如，在开放式厨房与餐厅的设计中，厨房可以作为母空间，吧台或岛台则可以作为子空间，两者之间的流动性使得人们之间的互动变得更加自然。当需要改变某个子空间的功能时，可以在不影响整个母空间的情况下轻松进行调整。例如，在大型商店中，主要的购物区域可以作为母空间，而试衣区、化妆区或休息区可以被设计为子空间。类似地，开放式办公区域可以作为母空间，而会议室、休息区或独立工作站可以作为子空间。

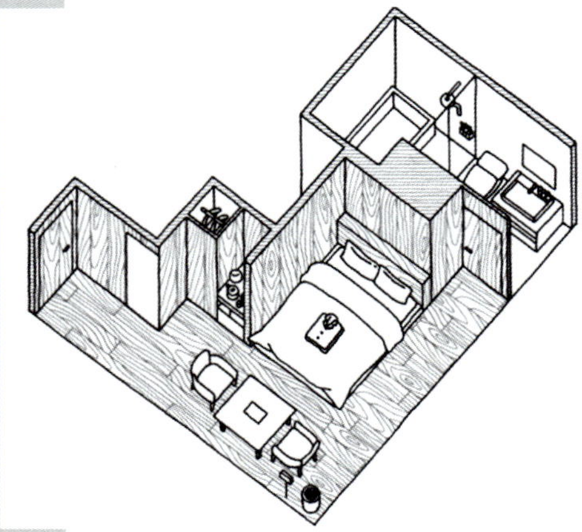

图 4-14　母空间

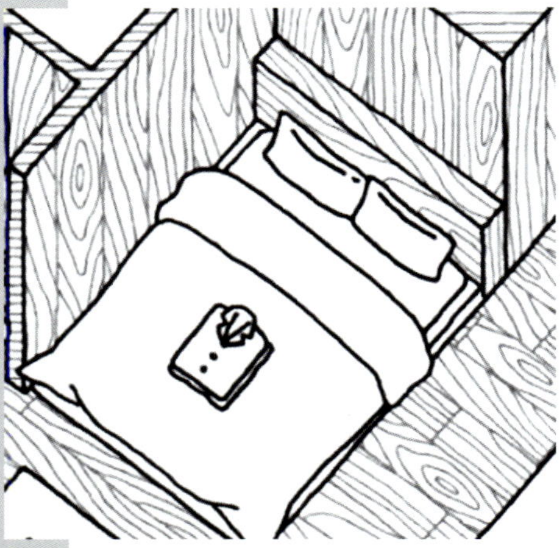

图 4-15　子空间

子母空间是现代室内设计中不可或缺的一个元素，室内设计师可以通过子母空间的设计方法在大空间内创造出有功能性、流动性和美学性的多个小空间。

二、空间限定和方法分类

在室内设计中，不仅可以根据空间本身的特点进行分类，还可以根据设计师为达到某种效果所使用的手法来进行分类。这种分类方式注重的是设计方法和达到的空间效果。

（一）元素设立式空间（图 4-16）

当空间缺少元素或定义时，人们可能会觉得这样的空间缺乏功能和意义。设计师通过引入某些特定元素，如家具、装饰品或雕塑，可以为空间赋予新的功能和意义。这些元素不仅可以满足实际的功能需求，还可以成为空间的视觉焦点，从而提升空间的舒适感和使用者的停留意愿。

（二）围合式空间（图 4-17）

围合式空间是一种常见的设计手法，设计师通过使用各种元素（如墙壁、布帘、柱子或绿植），将一个大空间划分为多个小空间或功能区。这样的设计为用户提供了更加明确的功能定义，如卧室、餐厅或办公区域。此外，围合式设计还可以为空间带来某种神秘感或隐秘感。部分开放的墙壁或隔断可以让空间的一部

图 4-16　元素设立式空间

图 4-17　围合式空间

分可见但又不完全暴露，从而带来一种神秘的美感。设计师还可以通过围合式设计手法来引导用户在空间中的移动和体验，如设置柱子或其他障碍物来引导人们的移动路径，同时保持空间的开放性和流动性。

总的来说，这些分类方法为我们提供了一种从设计方法的角度出发理解和分析室内空间的方式。不同的设计手法可以为用户带来不同的空间体验，从而满足他们的实际需求和审美期望。

（三）覆盖式空间（图 4–18）

覆盖式空间着重于室内顶棚的特殊设计和装饰。传统的室内设计通常具有固定的顶棚，而覆盖式空间通过添加独特的装饰元素，如特色吊灯或特定构件，来强调并丰富顶棚的视觉效果和感觉。例如，酒店大堂中的大型吊灯不仅为空间提供照明，更为其营造了奢华和高贵的氛围。与此相似，机场的特殊结构悬挂设计也展示了技术进步和现代美学，使人在其中感到广阔和先进的空间感。

图 4–18　覆盖式空间

（四）凸起式空间（图 4–19）

凸起式空间特指那些在其周围环境中突出的设计，鼓励人们抬头并将注意力集中在这一突出部分。这种设计方法主要用于强调、展示或高亮某一功能或元素，如讲台、展厅或特定的纪念区域。这种空间设计往往意味着某种特权或地位，它可以清晰地展示空间的等级和层次感。

图 4–19　凸起式空间

（五）下沉式空间（图 4–20）

下沉式空间应对了人们对平坦、单调空间的习以为常的期望，为其带来了变化和新鲜感。这种设计的特点是通过在现有的平面空间中创造一块下沉的区域来实现的，给人一种深沉和稳定的感觉，也吸引人们主动接近并与其互动。下沉的设计可以通过阶梯、斜坡或梯子等方式实现，而这些下沉的空间可以有多种用途，如展览、休息、讨论或娱乐等。

图 4–20　下沉式空间

（六）悬架式空间（图 4–21）

悬架式空间是通过使用各种建筑构件，如吊杆、悬挑构件或梁，来在现有空间内创造悬浮或突出的平台或通道。这种设计方法在垂直方向上为空间增添了丰富的内容和变化。在实际应用中，我们常见的阳台、夹层或带走廊的展览空间都采用了这种设计方法。这样的设计需要足够的层高来确保其实用性和舒适度，以满足人们的日常需求。

图 4–21　悬架式空间

（七）质地变化式空间（图 4–22）

质地变化式空间重视空间的感觉和观感。这种空间设计手法注重利用各种不同的元素，如独特的材质肌理、形态、

图 4-22　质地变化式空间

色调搭配和光线效果等，以增强和丰富空间给人的感知体验。通过对这些元素的巧妙组合，设计师可以创造出从温暖舒适到冷静严肃的各种空间氛围，以满足不同功能需求下使用者的心理和情感需求。更为深入地说，设计师通过质地的细微变化，即便在一个开放和透明的空间中，也能为用户提供清晰的功能区分和导向，让他们即便在最为简约的环境中，也能够感受到深度和层次，体验空间的丰富与多维。

三、空间的序列

空间序列是指空间的先后顺序，是设计师按建筑功能给予合理组织的空间组合，本书分四个阶段来讲述空间的序列。

（一）起始阶段

在起始阶段，空间不仅仅局限于室内，它始于建筑的外部，如雨棚、围墙、走廊等，扮演着初次接触、吸引和导引的角色，表明了一个空间叙事的开始。

在这一阶段，设计师需要确定好所设计的空间是半封闭空间还是全封闭空间，好为接下来的过渡空间做好铺垫。在半封闭空间，人们可以自由地与空间以及外部环境互动，它更适合于公共性较强且私密性较低的场所，如展厅、公共餐厅、图书馆。全封闭空间并不是完全的物理围合，而是在与外部直接联系上建立了一定的障碍。这种空间是所有室内功能的发端，它就像是一个中转站，人们可以在此短暂停留或继续前往其他空间。它更适用于私密性较强的场所，如住宅、酒店、医院。

确定了起始空间，中段和终点空间也将依次展现，但要确保每个步骤都与前一个环节相互连接，以及空间体验的连续性和一致性。优秀的空间设计能够带给使用者一个完整的叙事旅程，从而更加深入地与空间产生情感上的联系。

（二）过渡阶段

过渡空间如同故事中的发展部分，既要处理好与前文的联系，又要铺垫好后续的高潮。这段空间通常应该做到引导清晰而不显得刻意，体验顺畅但又存有期待。

为了确保与高潮空间的反差感，过渡空间应做低调、静谧处理，如此，当人们到达明亮、开放的高潮空间时，才能感到更加强烈的对比，从而更加珍惜在高潮空间的时刻。

有时，过渡空间的设计可能会更加曲折，但其路径应当是清晰的，让使用者在享受探索乐趣的同时，不会感到迷失。设计师可以通过照明、色彩和结构等来构建这一引导性的空间。

（三）高潮阶段

高潮空间如同电影或小说中的高潮部分，是叙事的巅峰，其设计的成功与否，很大程度上决定了使用者对整体空间评价的好坏。因此，高潮空间应多使用强烈对比的手法，使其与过渡空间形成鲜明的对比。例如，当人们经过一系列暗淡、曲折的空间后，突然步入一个明亮、开放的空间，会被这种变化所震撼。

高潮空间通常会有一个或多个明确的空间焦点，是吸引人们目光和注意力的核心区域。它可以是一件艺术品、一个特色设计元素或一个重要的功能区域。

（四）结束阶段

这一阶段是空间序列的终章，是使高潮回归平静的空间。终结空间在风格和艺术上应和高潮空间保持统一，形成“余音绕梁”的感觉，但是空间的尺度、大小、地位等应该比高潮空间弱化一点，使整个空间趋向平静、回归稳定，最终完成完整的空间故事叙述。

第三节　室内空间设计的基本原则

室内空间设计需要遵循平衡、韵律、和谐、重点、比例和规模等基本原则。

一、平衡

平衡在室内空间设计中是关键，能为空间带来安定的感觉。平衡所关注的是物体的视觉重量，设计师可以通过形状、颜色、图案和纹理的组合来实现。平衡主要有三种方式：

（一）对称平衡

这种平衡方法是将空间均匀地分为两个镜像的部分，如茶几两侧各放一把椅子，即呈现了对称平衡。虽然这种平衡容易实现，但过度的对称可能显得单调。

（二）不对称平衡

这种方法中，不同的设计元素通过其视觉权重达到平衡，而不是完全复制或分为镜像，如一侧的沙发可以与另一侧的两把椅子达到平衡。这种平衡通常更为动态和吸引人。

（三）径向平衡

当设计中的元素围绕一个中心点排列时，如圆形餐桌周围的椅子，它们就形成了径向平衡。

二、韵律

设计中的韵律与音乐中的节奏相似，它涉及创造视觉上的重复和对比，从而增添视觉趣味。这可以通过在不同的空间区域重复使用相同的颜色或形状来达成。这种重复的目的是引导视线在整个空间中流动，例如，一种在枕头上的颜色可能会在壁画中被采纳，然后在地毯中再次出现。这些视觉的连续性增强了空间的吸引力。

三、和谐

在设计中，和谐是所有元素协同工作，共同传达一个统一的视觉信息，为空间带来一种宁静和平衡的感觉。就像韵律可以增加空间的活力，和谐则为空间带来平静。例如，尽管家具的形状、大小和纹理各不相同，但使用统一的颜色可以为整个空间创造和谐感。

四、重点

在设计中，确保空间有一个清晰的焦点是至关重要的。如果所有元素都有相同的视觉重量，空间可能会显得无趣或令人分心。一般来说，建筑空间中都会有一些自然的视觉焦点，如特色灯具或壁画，我们可以围绕这些焦点布置家具来进一步突出重点。在没有明显焦点的空间中，设计师可以通过组合家具或使用特色装饰品来创造视觉重点。

五、比例和规模

比例涉及元素之间的尺寸关系，规模则是一个物体与其所处空间或与其他物体的尺寸关系。把一张巨大的书桌放在一个小房间里可能会显得不协调，因为书桌超出了适当的规模。有些比例关系在视觉上更为和谐，如古希腊的黄金分割法则，它提出一个部分与较大部分的比例应与较大部分与整体的比例相同。这种比例在自然界中广泛存在，也被艺术家和建筑师广泛采用，以创造出具有和谐美感的设计。

通过理解和应用这些基本原则，设计师能够创造出既美观又具功能性的室内空间，满足使用者的实际需求和审美期待。

本章习题及答案

第五章　室内采光与照明

第一节　采光照明的基本概念与要求

光在室内设计中是不可或缺的，它不仅满足人们的视觉需求，还是重要的美学因素。此外，光的影响不仅局限于视觉感知。研究表明，光还对人的生理节奏产生影响，如人体细胞生长、激素产生、行为活动等。因此，室内照明作为室内设计的重要组成部分，在设计初期就应该被充分考虑。随着社会的进步，人们对照明的要求不再是简单的“看得清”，而是“看得舒适、看得优美”，这也意味着照明技术从“功能”转向了“体验”。因此，了解采光照明的基本概念与要求对于设计师来说至关重要。

一、 光学基本概念与室内设计

光学是一门研究光的本质、传播、速度、波长、频率等基本元素的学科。光是一种电磁波，由电场和磁场交替变化而产生，具有波动和粒子两种属性。光的传播速度与介质有关，在不同介质中光的传播速度不同。光的波长和频率是描述光的重要物理量，不同波长的光对应不同的颜色。了解光学的基本概念有助于我们更好地理解光的本质和传播规律，为进一步研究室内设计中的照明应用奠定基础。表 5-1 列出了光的量度的定义和单位。

表 5-1　光的量度的定义和单位

名称	单位	定义
光通量	lm 流明 （Lumen）	单位时间里通过某一面积的光能，称为通过这一面积的辐射能通量
发光强度	cd 坎德拉 （Candela）	光源在某一方向的单位立体角内发出的光通量叫作光源在该方向的发光强度
发光照度	lx 勒克斯 （Lux）	被光均匀照射的物体，某一面上单位面积内所接收的光通量称为光照度
光亮度	cd/m^2	指发光表面在指定方向的发光强度与垂直且指定方向的发光面的面积之比

（一）光通量

在室内设计领域，光通量扮演着至关重要的角色，它不仅是衡量光源发光能力的重要指标，更是营造室内环境氛围、提升居住体验的关键因素。在精心设计的空间中，设计师通过巧妙运用光通量可以营造出独特的氛围，让居住者感受到舒适与愉悦。例如，在起居室中，设计师可能会选择光通量较大的吊灯，为空间提供足够的光照，同时搭配柔和的壁灯和台灯，营造出温馨舒适的氛围。在卧室中，光通量则需要控制，以确保居住者在休息时能够感到宁静与安详。

（二）发光强度

在室内设计中，发光强度是一个不可忽视的因素，它直接影响着空间的视觉效果、氛围营造以及居住者的舒适体验。发光强度，通常指的是光源在特定方向上单位立体角内所发出的光通量，是衡量光源亮度的重要指标。在室内设计中，设计师会根据空间的功能、大小和风格，精确计算并选择合适的发光强度。例如，在需要高亮度的空间如厨房或工作区域，设计师会选择发光强度较高的灯具，确保光线充足，方便人们进行日常活动。在需要营造温馨氛围的卧室或起居室，发光强度可能相对较低，以营造出柔和、舒适的视觉效果。发光强度的选择还关乎居住者的视觉舒适度。过高的发光强度可能会产生眩光，对居住者的眼睛造成不适，而过低的发光强度可能导致空间显得昏暗、压抑。因此，设计师需要综合考虑空间的整体布局、家具摆放以及居住者的生活习惯等因素，来确定最佳的发光强度。

（三）发光照度

发光照度在室内设计中扮演着举足轻重的角色，它直接关系到空间的功能实现以及居住者的舒适体验。发光照度指的是被光均匀照射的物体，某一面上单位面积内所接收的光通量，是衡量室内照明水平的重要指标。在室内设计中，发光照度的合理运用能够营造出多样化的空间氛围。例如，在需要明亮照明的厨房和书房中，适当提高光照强度可以确保操作视线的清晰和阅读环境的舒适；而在需要营造温馨氛围的卧室和起居室中，柔和的光照强度则能给居住者带来宁静、舒适的感受。

此外，光照强度还影响着室内空间的功能实现。在需要强调空间焦点或展示艺术品的地方，局部提高光照强度可以吸引人们的注意力，增强空间的艺术效果。在需要保护隐私或营造私密空间的区域，降低光照强度能营造出一种安静、私密的环境。

（四）光亮度

光亮度作为室内设计的要素之一，不仅可以塑造空间视觉效果，还能深刻影响居住者的舒适度与情感体验。它界定了光环境的明暗层次，是设计过程中不可或缺的考量。在规划明亮开放空间，如客厅与厨房时，巧妙运用亮度能显著拓宽视觉边界，赋予空间通透感与现代气息；在卧室及书房等私密区域，适度降低亮度可营造出温馨宁静的氛围，促使用户身心放松，享受专属静谧时光。此外，设计师通过精细调控光源亮度，不仅能达成理想照明成效，还彰显了节能环保的设计理念。以下是亮度在照明设计中的特点：

（1）视觉舒适性

在照明设计中，适当的光亮度可以提供舒适的视觉环境，使人们在室内活动时感到轻松和愉悦。光亮度的选择可以根据不同空间和活动进行调整，如办公室、家庭、商店、剧院等。

（2）艺术效果

光亮度还可以用来营造艺术效果。例如，使用不同亮度的灯光来强调特定的元素或细节，或者通过创造光影的对比来增加空间的深度和立体感。

（3）层次感和氛围

在室内照明设计中，根据不同的场景和需求，设计师可以选择不同亮度的灯光来增加空间的层次感和氛围。例如，较低的亮度可以营造出柔和和放松的氛围，而较高的亮度则可以带来欢快和兴奋的感觉。

（4）调节情绪

亮度可以影响我们的情绪。例如，较低的亮度可能使我们感到沉闷或沮丧，而较高的亮度可能使我们感到兴奋或充满活力。因此，在照明设计中，可以通过调节亮度来影响人们的情绪。

（5）节能环保

在照明设计中，合理运用亮度也可以达到节能环保的效果。例如，使用低功耗的 LED 灯具和合理控制灯光的亮度，可以有效减少能源的消耗和碳排放。

二、采光照明的目的与要求

在人类的日常活动中，光的作用无处不在，为了保障人们的行为和健康，需要合理的采光照明设计。恰当的光环境可以提高人们的工作效率和生活质量，而不当的光环境可能对人造成伤害。因此，在进行室内照明设计时，我们首先要明确设计目的，了解相关要求，以创造良好的照明环境。

（一）采光照明的目的

采光照明在室内设计中扮演着至关重要的角色，其主要目标是为室内提供光线，以增加空间的明亮度和舒适度。随着人们对室内环境的需求不断提高，采光照明已经不再局限于满足基本照明需求，而是成为营造室内氛围和提升居住质量的关键手段。根据照明目的的不同，照明可以分为明视照明、环境照明、装饰照明和功能照明。

1. 明视照明

明视照明是指以工作面上的需视物为照明对象的照明方式。它主要应用于各类室内空间，如生产车间、办公室、教室、图书馆和商场营业厅等。明视照明的特点是围绕特定目标物或功能目的进行照明设计，旨在确保人们能够轻松辨识目标物，并满足其照度需求，确保人们能够清晰地看到并完成各种活动。为此，明视照明需要考虑光线的亮度、均匀性和色温等因素，以创造出舒适、明亮的照明效果（图 5-1）。

2. 环境照明

环境照明是指以环境为照明对象，并以提供视觉舒适感为主要目标的照明方式。它主要应用于非确定工作空间，如剧场休息厅、门厅、宾馆客房等。环境照明的特点是注重对整个空间的照明，而不针对具体物体进行照明。相较于明视照明，环境照明的照度可以适当降低，对光源的显色性要求也较低，更侧重考虑光源的色彩表现。环境照明不仅提供基本的照明功能，还能够创造出整体的照明氛围和效果。通过调整灯光的亮度、颜色和分布，能够营造出不同的氛围，如温馨、舒适、活泼或专注等。环境照明可以用于打造家庭、办公场所或公共场所的特定氛围，从而提升人们的体验（图 5-2）。

3. 装饰照明

装饰照明是一种以装饰要素为照明对象的艺术照明方式。它通过选择特殊设计的灯具、灯光效果和照明布局来突出室内空间的装饰元素，如艺术品、家具、壁画等。装饰照明旨在强调室内空间的美感和

图 5-1　厨房工作区的照明设计

图 5-2　温馨的客厅照明设计

装饰效果，提升其视觉吸引力和艺术价值，营造出一个独特而个性化的环境。装饰照明不仅可以为室内空间增添美感，还可以为特定场所创造出适宜的环境氛围。现在装饰照明越来越受到人们的重视，成为提升室内空间审美性的重要手段之一（图 5-3）。

图 5-3　装饰性灯具的布置

4. 功能照明

功能照明主要是指为了满足人们特定的功能需求，如阅读、工作、学习等而设置的照明，其目的在于为人们提供一个舒适、健康、清晰、明亮的光照环境，以帮助人们更好地完成各种活动。功能照明的特点在于它的光线通常比较集中，照射范围比较小，亮度也较高。这种照明通常采用局部照明的方式，即只照亮需要使用的对象或区域，以避免眩光和不必要的能源浪费。在功能照明的设计中，要根据不同的使用场景和对象来选择合适的灯具和光源，如使用 LED 等低功耗灯具来提高照明效率，使用高亮度、高色温的光源来提高亮度等。此外，为了防止眩光和视觉疲劳，还要合理设计灯具的位置和照射角度，以及使用适当的反射器和格栅等配件来控制光线（图 5-4）。

图 5-4　公共空间的功能照明

（二）采光照明的要求

照明设计是一项复杂的任务，需要考虑照度设置、亮度分布、光源显色性、光源稳定性、光的颜色、眩光、能效等照明质量指标。不同的照明目的正是通过对上述指标的差异化控制来实现的。因此，根据空间的功能性质，我们需要合理确定和综合考虑各种照明质量要求。

1. 合理的照度设置

照度是衡量照明质量的基本技术指标，其反映了受照物体的明亮程度。

（1）合理的照度水平

照度直接影响人的视功能，低照度会降低人的视功能，高照度会提高人的视功能。不同的工作和活动需要不同的照度水平来满足视觉需求。此外，照度的变化也会影响人的情绪，照度水平与空间功能和人的行为性质密切相关。因此，在工作空间中，除了满足明视照明需求外，还需要保持空间使用者的良好心理和生理状态，这不仅是“以人为本”的体现，也是对工作质量和效率的进一步保障。

（2）均匀的照度布置

在一个空间中，如果照度变化过大，会导致人们被动适应而引起视觉疲劳。因此，为了提供一个舒适的照明环境，需要实现照度的相对均匀分布。然而，目标物在视场内的位置并非固定，与预期光源的相对位置也会有所差异，无法实现绝对的照度均匀，因此，我们只能追求相对均匀的照明效果。

国际照明委员会（CIE）推荐，在一般照明情况下，工作区域的最低照度与平均照度之比不应小于0.8，整个房间的平均照度一般不应低于工作区域平均照度的 1/3。为了满足这些要求，应将灯具的布置间距控制在不大于选用灯具允许的最大距离与高度之比，靠近墙壁的一排灯具与墙壁之间的距离应保持在灯具间距的 L/3~L/2 范围内（L 为灯具间距）。

除了以上措施，如果需要更高的照明均匀度，可以采用间接型、半间接型照明灯具或光带等形式来满足要求。

（3）针对性的照度定位

由于建筑物和场所的使用功能存在差异，因此需要针对不同的功能要求设定相应的照度水平。即使在同一场所，由于不同区域的功能性差异，也需要相应地调整照度数值，以展现各个功能空间之间的差异，从而创造出符合各自功能和氛围需求的照明环境。

2. 适应的亮度分布

在室内环境中，如果不同区域的亮度存在较大差距，当人们的视线在这些区域之间流动时，需要进行视觉适应，这种重复的适应行为会导致视觉疲劳。因此，在室内照明设计中，应考虑同一视场内不同区域以及界面或目标物的亮度均匀性，以确保照明环境的舒适性。这意味着设计师在进行照明布光设置时，需要综合考虑一般亮度设计，并充分考虑不同界面和物体材质的反射率，然后进行有针对性的亮度调整。

适度的亮度变化有助于突出目标物和营造氛围。例如，一般情况下，环境亮度应略低于该区域内主要目标物的亮度。根据国际照明委员会（CIE）的推荐，当目标物的亮度是所在区域环境亮度的 3 倍时，目标物会更加突出，视觉清晰度也会更好。

3. 适宜的光源色温与显色性

在理想的照明环境中，我们需要同时考虑光源的色温和显色性。尽管它们都关系到光源的颜色质量，但它们在营造特定氛围和准确还原物体颜色方面具有不同的作用。

（1）根据照明目的确定光源的色温

不同色温的光源会产生不同的视觉效果，从而影响人们对环境的感知和情绪，并在营造环境氛围方面发挥不同的作用。色温低于 3300K 的光线呈现出较暖的色调，适用于营造温馨和舒缓的环境。色温在 3300~5000K 的光线属于中间色调，具有中性色彩的感觉，适用于各种一般空间。色温高于 5000K 的光线呈现出较冷的色调，适用于需要降低人们烦躁感的环境。

（2）根据照明目的确定光源的显色性

显色性指光源对物体颜色的还原能力，即光源照射下物体的真实色彩表现。当注重准确展现目标物的观感效果时，对光源显色性的要求就会提高。太阳光作为自然光源，其显色性被视为标准。因此，与日光接近的光源具有最佳显色性，能最准确地还原事物的本质颜色。尽管目前的光源无法完全达到太阳光的显色性水平，但可以根据不同功能空间的显色要求选择适宜的光源。

设计师通过科学合理的照度设置、亮度分布和光源选择，能够有效提升室内环境的照明质量，满足不同使用需求，营造出既具功能性又具美感的照明效果。

4. 稳定的光环境

光环境的稳定性是室内照明质量的一个关键特征。照度的突然变化可能会干扰我们的认知和行为，特别是在需要集中注意力进行任务的情况下。当一个人长期处于照度不断变化的光环境中，会对他的视力健康带来严重影响。频繁的光线变化可能导致眼睛疲劳、视觉模糊和眼部不适，长期在这种环境中生活，人的视力会降低，甚至导致慢性眼病的发展。

因此，室内照明光环境的稳定性对于保障人们的正常工作、学习和身体健康至关重要。一个稳定的照明环境应该提供一致的照度水平，避免突然的光线变化和闪烁现象。

5. 适宜的光影效果

光源与被照物之间的不同位置关系会产生各种光影效果。这些效果既可以带来积极的意义，也可能带来一些负面影响，其取舍取决于照明的目的和特定空间的功能需求。

在环境照明和装饰照明方面，我们通过合理地安置光源和调整光线的角度，可以创造出多样化、令人愉悦和富有艺术感的光影效果。光影可以增强空间的层次感和深度感，为环境增添视觉趣味和动态性，成为渲染空间氛围的重要手段。

然而，对于工作空间来说，光影效果也可能带来一些负面影响。一方面，过强或不恰当的光影效果可能导致视觉干扰、眩光和视觉疲劳。另一方面，光影容易使人产生视错觉，形成对目标物形象或位置的错误认识，埋下安全隐患。因此，在确定光影效果时，应该根据照明设计的目标和特定空间的需求，找到平衡点，以实现最佳的照明效果。

6. 限制眩光

当视野中存在不适宜的亮度分布或极端的亮度对比，导致视觉不舒适和物体可见度下降的情况时，我们称之为眩光。限制眩光可以采取的措施为：在布光设计中，需要注意光照度的均匀性，即使在需要特殊光效的情况下，也要合理调配相邻区域的照度差；合理确定空间的照度要求，并综合考虑不同材质的光反射特性，以确定适当的照度水平；在选择灯具时，应优先考虑那些遮光角较大的灯具，或采用低照度、大发光面的灯具以减少眩光的发生。

7. 能效要求

采光照明的能效要求主要体现在光源效率、灯具效率、能耗和热管理等方面。这些指标需要结合具体的应用场景和使用需求进行综合考虑，以实现照明系统的最佳能效。随着技术的不断进步和应用需求的不断变化，这些能效要求也在不断发展和完善。

第二节　室内自然照明环境

室内引入自然光线，并确保人们透过窗户能够看到室外景物，是保证人的工作效率和身心舒适的重要条件。太阳的全光谱辐射是人们在生理和心理上长期感到舒适和满意的关键因素。充分利用自然光照明对建筑物来说非常重要，不仅可以节约能源和降低费用，同时也是保护人体健康的长远措施。

此外，多变的自然光在展现艺术造型和材料质感方面发挥着重要作用，其能够渲染室内环境的氛围。因此，不论是从实用性还是美观性的角度来看，室内设计师都应该认真规划室内自然照明环境。

一、自然照明基本知识

自然照明是指利用天然光源（如太阳）为室内外空间提供照明。自然照明不仅可以节省能源，还可以提高人们的生活质量和身心健康。在自然照明中，光的分布、照度、色温等因素对视觉舒适度和空间氛围都有重要影响。了解自然照明的基本知识，如自然照明的特点、限制及应对方法等，可以帮助我们更好地利用天然光源，为室内空间提供舒适、健康的照明环境。

（一）自然照明的特点

在建筑设计过程中，建筑师需要考虑建筑与自然之间的关系，并在设计中选择是违背自然规律还是尊重自然规律。了解自然光的特点对于设计一个能够有效利用自然光的建筑是非常重要的。

1. 时间因素

时间因素考虑了自然光线随季节在一天中不同时间段的变化。研究太阳的运行轨迹、季节性变化等因素，可以确定自然光在不同时间段的强度和角度，这有助于设计师确定哪些时间段是室内空间最理想的采光时机，从而在设计中加以考虑，并最大化利用自然光。

2. 朝向因素

建筑的朝向对自然照明设计至关重要。考虑到太阳光的移动路径，建筑师会选择将主要活动区域朝向阳光充足的方向。例如，朝南可以获得更多的日照时间和直射光。合理的朝向设计可以最大程度地利用自然光，减少对人工照明的依赖。在保证有足够光线进入室内的同时，不同朝向的房间也面临着不同的光照条件和眩光问题，因此需要采取相应的措施来解决眩光问题。例如，东南朝向的房间通常在早晨和上午接收到充足的直射光，容易产生眩光。西北朝向的房间通常在午后接收到直射光，而且入射角度较低，容易产生较强的眩光。选择适合的窗帘或百叶窗，可以控制光线的进入和分散；在窗户或阳台的位置安装反光板，也可以减少直射光进入室内并降低眩光。

3. 开窗方式

窗户是引入自然光的主要途径之一，窗户的大小是影响室内采光质量高低的重要因素。开窗方式涉及选择合适的窗户类型、尺寸和位置。建筑师会根据建筑的特点和功能选择不同类型的窗户。此外，可调节窗帘、百叶窗和遮阳板等装置也可以帮助控制光线的进入和分布。

以下是几种常见的开窗方式:

（1）推拉窗

窗扇可以水平滑动打开，通过调整窗扇的开度，可以控制室内的光线进入量，具有灵活性和易于操作的特点。

（2）平开窗

窗扇向外推开，可以提供较大的开口面积，允许更多的自然光线进入室内。

（3）上悬窗

窗扇向上打开，允许自然光线从上方进入室内。

（4）倾斜窗

窗扇可以在水平和垂直方向上倾斜打开，在保证安全性的同时，允许自然光线以不同角度进入室内。

（5）旋转窗

窗扇可以在水平轴上旋转打开，可以根据需要调整窗扇的角度，以控制光线进入的方向和强度。

4. 采光方式

在各种建筑类型中，采光方式可以归纳为五种：坡型、L 型、U 型、柱型和线型。这些采光方式可以在建筑设计中灵活组合，满足所有建筑空间的采光需求。

（1）坡型采光方式

坡型采光方式通过设置倾斜的屋顶或立面来引入自然光线。这种采光方式常见于斜屋顶、天窗或倾斜的玻璃幕墙设计中。倾斜的角度和朝向可以在不同时间段最大限度地使阳光进入室内。

（2）L 型采光方式

L 型采光方式通过建筑的布局形成一个或多个具有 L 字形的采光区域。这种形式常见于建筑的内角或外角，通过设置窗户或天窗，使阳光能够进入室内，增加采光面积和视野。

（3）U 型采光方式

U 型采光方式是通过建筑的布局形成一个或多个具有 U 字形的采光区域。这种形式常见于庭院或中庭设计，通过围合的形状，使阳光能够进入室内，并在建筑内部形成自然光井。

（4）柱型采光方式

柱型采光方式通过设置垂直的光井或采光柱来引入自然光线。这种形式常见于高层建筑或建筑内部的竖向空间，通过开窗或透明材料，使阳光能够沿垂直方向进入建筑内部。

（5）线型采光方式

线型采光方式通过设置长条形的采光区域来引入自然光线。这种形式常见于带有连续窗户或玻璃幕墙的建筑设计中，通过沿建筑立面设置窗户或透明材料，使阳光能够进入室内并沿着线性路径分布。

（二）自然照明的限制及应对方法

自然光的强度会受到多种因素的影响，包括天气条件、地理位置、时间和季节等。以下是一些自然照明在不同条件下的限制因素:

1. 时间和天气

自然光照明受到天气和时间限制。在阴天或雨天，阳光无法穿透云层，导致自然光照明不足。此外，在一天中的不同时间段，阳光的照射角度和强度也会有所改变，这会影响照明的效果。使用透光性好的窗帘或百叶窗，可以增强室内的自然光照；在阴天或雨天，可以增加人工照明的强度来增强整体的照明效果。

2. 地理位置

地理位置也会影响自然照明的效果。例如，在北半球的高纬度地区，冬季的日照时间较短，夏季的日照时间较长。此外，地理位置和大气条件还可能影响阳光的穿透率和照度。我们可以增加窗户的数量和面积来增强室内自然光的照明效果；选用合适的窗户材料使光线更好地透过；同时，合理利用反射和折射的原理增加自然光的照明效果。

3. 季节变化

不同的季节有不同的气候条件，这可能会影响自然照明的效果。例如，在雨季或雾季，阳光可能无法穿透云层，导致自然照明不足；而在晴天，阳光明媚，自然照明效果会更好。我们应选用可再生能源和环保材料制造太阳能电池，增加人工照明，可以减小对环境的影响。

二、室内自然照明设计的策略

为了制订一个系统而完整的采光设计方案，我们首先需要前往现场进行照度实测，同时考察空间的朝向、窗户朝向以及窗外景观。基于这些基本信息，我们可以提出初步的采光方案，并确定窗户的位置和面积。其次，我们可以借助模型进行预测，并根据结果进行窗户位置和大小的调整。如果仍未达到理想效果，我们可以利用照明设计软件进行模拟，以选择合适的遮阳装置来控制直射光，预防眩光的产生。

（一）窗户设计

1. 面积与位置

窗户的面积设计主要依据两个层面：其一，不同类型的室内空间所需要的采光系数不同，所以在设计时，应查阅建筑采光标准；其二，根据使用者的特殊需求，制定相应的设计策略。例如，为营造客厅温暖和轻松的聊天氛围，我们可以采用大面积的玻璃窗，让更多的自然光进入室内。

窗户的位置对室内采光的均匀度有直接影响。即使窗户面积相同，将其开设在室内的不同高度和方位，也会得到完全不同的采光效果。因此，在设计初期，建议设计师对所设计的空间进行比较和分析，以选择适合的窗户设计方案。

2. 材料

当前建筑中常见的窗户玻璃材料有透明玻璃、反光玻璃和低辐射玻璃。

透明玻璃是最常见的窗户玻璃材料，具有良好的透光性，但在阻挡室外热量方面效果有限。

反光玻璃在减少光线进入室内的同时，可确保视觉效果不受影响，但会阻挡部分长波辐射，因此会减少热量的传递。

低辐射玻璃具有一层特殊的薄膜，其光线透射率高于热量透射率，可以反射室内热量，减少热量损失。它在提供自然光照明的同时，能有效控制热量的传递，非常适用于那些需要利用自然光照明又要减少阳光带来过多热量的地域。

除以上几种常见的玻璃外，我们也可以将高质量的透明或低辐射玻璃结合在一起，并结合易于控制的遮阳设备，为室内提供更好的自然光。这些不同类型的玻璃材料和结构设计可以根据建筑需求和地理条件选择和应用，以实现所需的采光和隔热效果。

（二）遮阳设计

遮阳设计是指在建筑设计中采取措施来减少太阳辐射对建筑物内部的热量负荷和光线影响的设计过程。遮阳设计旨在为人们提供舒适的室内环境，并减少对空调系统的依赖，从而提高能源效率。表 5-2 中是一些常见的遮阳设计方法。

表 5-2　常见的遮阳设计方法

外遮阳形式	性能特点	外遮阳遮阳系数	适用范围
水平式外遮阳		0.85~0.90	接近南向的外窗
垂直式外遮阳		0.85~0.90	东北、西北及北向附近的外窗
挡板式外遮阳	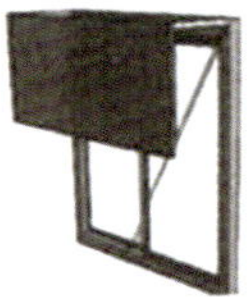	0.65~0.75	东、西向附近的外窗
横百叶挡板式外遮阳		0.35~0.45	东、西向附近的外窗
竖百叶挡板式外遮阳	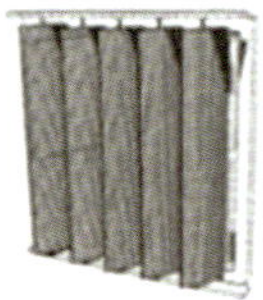	0.35~0.45	东、西向附近的外窗

（三）反光装置设计

在室内或室外设计反光装置，可以利用光线的反射特性来增强室内自然光的照度和均匀度。设计反光装置时需要考虑以下几点：其一，反光表面需要选择具有高反射率的材料，如镜面、铝板、光反射涂料或其他反射性材料。其二，要注意位置和角度，使其能够最大限度地接收和反射外部的光线。其三，考虑室内布局和光线分布的需求，确定反光装置的布置方式，以确保光线能够均匀地分布在整个空间，并满足不同区域的光照度要求（图 5-5）。

图 5-5　反光装置设计

三、室内自然照明设计的意义

当建筑过度依赖人工照明和机械通风时，会引发一系列与人体健康和舒适相关的问题，那就是现代建筑综合征（SBS），其症状包括使人头痛、眼部不适、呼吸道不适、疲劳和注意力不集中等。如果人们长期无法感受到自然现象（如日光）的变化，建筑综合征的症状会进一步恶化。因此，自然采光在人们的身体、心理和生活方面具有很大的重要性，绝不能忽视。

（一）重视自然光设计有利于人的心理健康

重视自然光的设计对于人们的心理健康具有积极的影响。尽管人工照明可以满足我们的基本采光需求，但它无法满足我们的心理需求。当我们在清晨醒来时，透过玻璃窗感受到阳光的温暖，会让我们感到温暖和愉悦。人工照明无法提供这种自然光的温度和亲近感，这正是自然光对人们心理需求的独特满足之处。

科学研究表明，自然光和人工光在光谱成分上存在差异。人工光主要由位于红色光区域的长波光线组成，而自然光主要位于蓝色光区域，由短波光线构成。这种光谱差异对人体的生物钟和心理状态有着重要影响。

（二）重视自然光设计有利于节约能源

重视自然光设计有利于节约能源，其作用不仅体现在照明能源消耗的减少上，还体现在对环境和可持续发展的积极影响上。一方面，通过增加自然光的利用，建筑物能够减少对人工照明系统的依赖。传统的人工照明系统需要消耗大量电能，而利用自然光可以部分或完全替代这些人工照明系统，从而显著降低建筑物的能源消耗。这对于减少电力需求、降低碳排放以及推动可持续发展具有重要意义。另一方面，自然光的运用还有助于优化建筑物的热量管理。充分利用自然光可以减少使用人工照明系统所产生的热量，从而降低空调系统的负荷。在炎热的夏季，人们合理利用自然光可以减少建筑物内部的热量积累，降低空调设备的使用频率和能耗。这样的节能措施不仅可以降低能源开支，还能减少对化石燃料的需求，减缓全球气候变化的影响。

第三节　室内照明设计

一、物理照明基本知识

（一）室内物理光源

室内物理光源是指通过技术手段由人类发明的能够发出光线的装置或设备。它的主要功能是提供光照，以满足各种应用需求，如室内照明、照相、摄像等。

常见的室内物理光源包括白炽灯、荧光灯、LED 灯、激光器等，每种光源都有其特定的发光原理和特性。例如，白炽灯通过加热导电丝来产生光，荧光灯通过电击激活荧光粉发光，LED 灯则利用半导体材料发光，激光器则产生高度聚焦的激光束。在现代生活中，室内物理光源为我们创造了明亮、舒适和安全的照明环境。此外，物理光源还广泛应用于照相摄影、电视显示、舞台灯光、医疗设备、通信技术等领域。

（二）室内常用光源

1. 白炽灯

白炽灯是一种传统的人工光源，它是采用通电的方法加热玻璃泡壳内的灯丝，灯丝产生热辐射而发光的光源，主要部件为灯丝、芯柱、泡壳、填充气体和灯头。

白炽灯的色温通常为 2700~3000K，与 6000K 的太阳光相比，这个范围内的光色偏暖，呈现出比较黄的光线。一般来说，常见的家庭白炽灯通常采用 2700K 的色温，以营造出温馨、舒适的照明环境。另外，传统的白炽灯具有较高的显色性，色温通常为 90~100K，意味着其能够相对准确地再现物体的真实颜色。白炽灯的光谱相对较连续，覆盖了较广的可见光波长范围，从而提供了较为自然的颜色表现。然而，需要注意的是，白炽灯的光谱可能在有些颜色区域存在缺失，尤其是蓝色和青色，导致这些颜色的再现较差。

2. 卤钨灯

卤钨灯是一种使用卤素元素（通常是碘或溴）填充的白炽灯。它是白炽灯的一种改进形式，工作原理与传统白炽灯类似。然而，卤钨灯相比传统白炽灯具有一些优点，如具有较高的亮度、显色性和较长的寿命，能够在保持白炽灯色温特性的同时，更准确地再现物体的颜色。卤钨灯的色温通常为2800~3200K，较普通白炽灯光色更白，色调也更冷一点，其广泛应用于室内和室外照明、舞台灯光、摄影、汽车前照灯等领域。然而，需要注意的是，卤钨灯在使用过程中会产生较高的热量，因此在安装和使用时需要采用散热和防烫伤的措施。

3. 荧光灯

荧光灯是一种利用荧光物质发光的照明装置。当电流通过荧光灯的电极时，电弧放电激发汞蒸气产生紫外线辐射，经过荧光粉的激发后，紫外线转化为可见光，荧光灯发出明亮的光线。相对于传统白炽灯，荧光灯具有多个优点：一是，荧光灯的能效较高，可以以较低的能源消耗产生较高的亮度；二是，荧光灯的寿命较长，通常比白炽灯更持久耐用；三是，荧光灯产生的热量较少，在室内长时间使用时，能够减少空调负担。然而，荧光灯也存在一些缺点，如在启动时需要一定时间来达到完全亮度，并且在极低温度下可能会有启动困难的问题。此外，荧光灯内部的汞蒸气是一种有毒物质，在处理和回收时需要特别注意。

4. LED 灯

LED 灯是一种半导体光源，当正向电流通过 LED 灯时，电子和空穴在半导体材料中复合并释放能量，能量以光的形式辐射出来，产生可见光。LED 灯具有以下优点：

（1）寿命长：LED 灯的寿命通常比传统灯泡更长，可达数万到数十万小时。

（2）响应时间快：LED 灯具有非常快的响应时间，可立即点亮，在电流断开时立即关闭，不需要预热或冷却时间。

（3）结构牢固：由于 LED 灯使用半导体材料和固态构造，结构中不包括玻璃、灯丝等易损部件，相对牢固，不易碎裂或损坏，可以更好地抵御震动和冲击。

（4）功耗低：LED 灯的能效较高，能将大部分电能转化为光能。

（5）颜色丰富：LED 灯可以通过调节电流和颜色来实现不同的亮度和效果，以提供更丰富的颜色选择。

（三）常用灯具分类

根据安装方式的不同，常见的灯具可以分为筒灯、埋入式灯、射灯、吊灯、吸顶灯、壁灯等。

1. 筒灯

筒灯（图 5-6）是一种常见的嵌入式灯具，安装在天花板或墙壁上，通常使用荧光灯、LED 灯、卤钨灯作为光源。筒灯通常是圆形或方形的，其光源位于一个深度较深的筒状灯罩内部，因此得名。筒灯主要用于提供整体照明或特定区域的照明效果，常见于住宅、商铺和办公场所（图 5-7）。

2. 埋入式灯

埋入式灯是一种嵌入到建筑结构或地面中，为空间的整体照明展示增添氛围的特殊灯具。埋入式灯在室内外都可使用（图 5-8），通常被安装在墙壁、天花板、地板或台阶等表面，其在表面上几乎不可见，只展现出光线的效果。

3. 射灯

射灯通过集中的光束来照射特定的目标或区域，通常由灯泡、反射器、聚光镜和固定装置组成，可以调整角度和方向以实现所需的照明效果（图 5-9）。射灯一般用于强调突出照亮特定的物品、装饰或展示区域，如艺术品、雕塑、展示柜、商品陈列等。

4. 吊灯

吊灯是一种悬挂在天花板上的照明装置，通常由灯具和吊链（或吊绳）组成。吊灯不仅能提供基本的照明功能，还可以作为室内装饰的一部分，具有各种设计和造型，可以成为室内装饰的焦点。吊灯可以通过材质、形状、颜色和工艺来与房间的风格和主题相协调，为空间增添个性和美感（图 5-10、图 5-11）。

5. 吸顶灯

吸顶灯是一种安装在天花板上的照明装置，也被称为天花板灯（图 5-12）。吸顶灯以固定的方式安装在天花板上，用于提供整体的照明效果。吸顶灯通常与其他照明装置（如壁灯、吊灯、台灯）结合使用，以创造更多样化的照明层次和灯光效果；通过综合考虑整体照明布局，这些灯具可以为房间打造舒适、实用和美观的照明氛围。

6. 壁灯

壁灯是一种安装在墙壁上的照明装置，也被称为墙灯（图 5-13）。壁灯通常固定在墙壁上，用于提供局部或辅助照明。壁灯可以用于各种场所，如客厅、卧室、走廊、餐厅、浴室等。壁灯的选择应考虑房间的用途、装饰风格和个人喜好。在安装壁灯时，需要选择适当的位置和高度，以确保照明效果和视觉效果的最佳表现。

图 5-6　筒灯

图 5-7　筒灯照明效果

图 5-8　埋入式照明效果

图 5-9　射灯照明效果

图 5-10　吊灯照明效果（一）

图 5-11　吊灯照明效果（二）

图 5-12　吸顶灯

图 5-13　壁灯

二、室内物理照明设计策略

室内物理照明设计是塑造空间氛围、提升空间品质的重要手段。恰当的照明设计能够在满足人们基本照明需求的同时，创造出舒适、宜人的视觉环境，使人们在其中感受到愉悦和满足。

（一）根据照度分布设置照明

在进行照明设计时，一定要考虑室内空间的功能性质，不同的功能性质所要求的照度分布方式不同。设计师需要确定空间的功能定位，并对空间的功能分区和具体使用要求进行深入分析，根据分析结果，选择合适的照明方式，以实现所需的照度分布效果。

按空间的照度分布需求，可以选择一般照明、分区一般照明、局部照明、混合照明四种基本方式。

1. 一般照明

为照亮整个空间而采用的照明方式，称为一般照明。一般照明通常在顶部均匀布置多个灯具来实现，且使用的灯具种类相对较少。这种均匀排布和统一的光线创造了一致的照度分布，为空间提供了良好的亮度分布效果。尽管灯具的均匀布置可能显得有些单调，但展现了一种自然和稳定之美，还能使空间显得更加开放和宽敞，为人们提供了宜人的视觉体验。一般照明适用于那些没有明确定义工作区或工作区密度较高的室内空间，如办公室、会议室、教室和候车厅等。它的设计目标是确保整个空间都能得到适当的照明，人们能够在其中进行各种活动和任务，并提供舒适的视觉环境（图 5-14）。

2. 分区一般照明

分区一般照明是针对视场内的特定区域采用与其他区域不同的照度的一种照明方式，它旨在提高某个特定区域的平均照度。分区一般照明适用于存在不同照度要求的工作区域，或者在室内环境中存在工作区域和非工作区域的情况。例如，对于具有不同精度要求的工作车间、营业空间的服务台或商业空间的销售区域等，可以采用分区一般照明方式（图 5-15）。这种照明方式可以确保特定区域得到适当的照明，提供良好的视觉环境和工作条件。

3. 局部照明

局部照明是在空间的特定范围内设置照明灯具的一种照明方式，旨在满足特定区域的特殊需求。局部照明的组织方式和安装位置相对灵活，采用固定照明设备或可移动照明设备均可，可以使用各种类型的灯具，如顶灯、壁灯、台灯和落地灯等。局部照明能够为特定区域提供更为集中的光线，使该区域的照度更高，可以满足一般照明无法覆盖的区域，如由于空间位置关系而无法获得一般照明的照射的区域。此外，局部照明还适用于需要调节光环境以减少反射和眩光的区域，以及需要特殊装饰效果的区域等（图 5-16）。然而，在应用局部照明时，需要注意光照度的控制。过大的光照度差异可能会导致眩光或过度明亮的区域，对人的视觉产生不适和疲劳感。因此，需要在设置局部照明时谨慎把握光照度的平衡，确保局部照明与周围环境之间的亮度变化适度，以获得舒适的视觉体验。

4. 混合照明

混合照明通常由一般照明和局部照明组成。在混合照明中，关键在于合理组织和恰当布置，一般照明是基础，而局部照明则在需要特殊光线的地方额外设置，这种方式不仅可以满足不同区域的照度需求，还可以减少重要区域或操作面的阴影效果。混合照明广泛应用于功能相对复杂或装饰效果丰富的室内空间。合理安排一般照明和局部照明的比例和布局，可以创造出丰富多样、层次分明的照明效果。

（二）根据光通量分布设置照明

照明方式的选择和定位取决于对室内照明要求的明确理解，重点在于确定照明目的，相当于总体策划。随着照明设计的深入，需要考虑灯具效率、功率以及光环境的装饰性，因此需要根据光通量的分布效果来确定具体的照明方式。

按照光通量分布的不同，照明方式可分为直接照明、半直接照明、半间接照明、间接照明、漫射照明五种。

1. 直接照明

直接照明主要依靠符合要求的灯具来实现光通量的分布，其中灯具发射的光通量的90%以上直接投射到工作面上。这意味着大部分光线直接用于照明任务，使得直接照明方式的光的利用率较高，能源浪费最少。根据光束角的宽窄差异，直接照明灯具可以分为窄照型和宽照型等。

窄照型直接照明灯具具有较为集中的光束角度，将光线聚焦在一个相对较小的区域上（图 5-17）。这种灯具适用于需要强调特定区域或物体的照明，可以提供明确、集中的照明效果，突出被照明物体的细节和轮廓。在光环境方面，窄照型灯具可以创造出明暗对比强烈的效果，营造出一种独特的氛围。但因为光束过于集中，窄照型直接照明灯具不适用于低矮空间的均匀照明。

宽照型直接照明灯具具有较大的光束角度，能够将光线均匀地分布在一个相对较大的区域上。这种灯具适用于需要整体均匀照明的场所，如大型办公区域或公共空间。它可以提供较为柔和、均匀的照明效果，减少明暗差异，使整个空间看起来更加舒适和谐。在光环境方面，宽照型灯具可以创造出较为平缓的光照分布，使空间感觉更加开放和宽广。因为宽照型直接照明灯具的光束具有扩散的特点，所以不适合在高顶棚的空间使用，否则将因光的散失而造成能源浪费。

图 5-14　具有自然、平静感的一般照明

图 5-15　采用分区一般照明的商业空间

图 5-16　为增加氛围而进行的局部照明

图 5-17　窄照型直接照明灯具在地板上的投光效果

2. 半直接照明

半直接照明的灯具所发射的光通量的 10%~40% 向上透射，而 60%~90% 向下透射到工作面上。这种照明方式通常使用透光性遮光罩来实现，不同透光度和形式的遮光罩会产生不同的光效。

半直接照明灯具的光通量分布特点使其能够自然地提供工作照明和环境照明，从而在室内达到适合不同需求的照度比。这种合适的照度比有助于降低阴影效果，减少眩光问题。因此，半直接照明灯具成为最实用的均匀作业照明灯具，在高级会议室和办公室等场所得到广泛应用。此外，从装饰性角度来看，半直接照明方式能够形成光环境的层次感，营造出柔和的朦胧效果，提升了空间的艺术氛围。上射的光线照亮了顶棚，增加了空间的高度感，更适合满足低矮空间的照明需求。

3. 半间接照明

半间接照明的灯具所发射的光通量的 60%~90% 向上透射，同时将 10%~40% 的光直接透射到工作面上。与半直接照明类似，半间接照明的实现通常也依靠半透光性遮光罩来调节光通量的发射方向和比例。不同之处在于，半间接照明将遮光罩置于光源的下方，使大部分光通量向上照射，从而在工作面上产生透过遮光罩发出的柔和光线。这种方式可以在室内分布出柔和、均匀的光线，有效减少直接的光线照射到工作面上，从而减少眩光的问题。同时，一小部分光线直接透射到工作面上，提供直接的照明效果，确保工作区域的明亮度和可见性。半间接照明主要适用于一般性照度要求的作业空间和非作业空间。比如，普通办公室、娱乐空间和餐饮空间等公共区域适合采用半间接照明方式。

半间接照明方式的光通量分布特点更适合于创造氛围和塑造空间感，特别适用于改善小空间。在狭小的空间中可以采用次照明方式，从而削弱墙壁和天花板界面的体量感，并减少对人的压迫感，起到扩展空间的效果。

4. 间接照明

间接照明方式可在下方完全遮挡光源，使光通量的大部分（ 90%~100% ）向上透射，仅有少量（ 10% 以下 ）的光直接透射到工作面上。主要通过天棚或墙面的反射来获得光线，而不是直接从光源发出。间接照明可以使用上射光灯具或反光灯槽等特殊设计来实现隐藏光源。

由于绝大部分光线来自于反射，间接照明的光线变得非常柔和，这种照明方式适用于环境或操作对象反光性强的空间。利用反射，间接照明可以减少直接光线对环境的直接照射，从而减少眩光。它创造出一种柔和、均匀的光线环境，有助于减少阴影和硬光线的出现。

间接照明最适合用作环境照明和装饰照明。举例来说，反光灯槽的巧妙应用可以创造出理想的背景光，是营造氛围不可或缺的手段。通过合理遮蔽光源，可以在适当的位置上产生独特的装饰效果，为空间增添美感。

间接照明方式依赖界面的反射来获得光线（ 图 5-18 ），当墙面和顶面的光反射率较低时，会导致能源的浪费。如果墙面和顶面不具备良好的反射特性，光线无法有效地反射回空间，而是被吸收或散射，就会造成能源的浪费。另外，间接照明需要足够的距离来实现光线的扩散和反射，从而产生柔和而均匀的光线效果，如果光源距离顶面过近，会限制光线的发射，使得间接照明设施失去意义。

图 5-18　间接照明利用墙面反射光照亮空间

5. 漫射照明

漫射照明是一种利用灯具的折射能力来实现光线四散扩展的照明方式。它的实现形式多样，一种是使用半透明的灯罩来完全包裹光线，依靠光的传播来产生漫反射效果，另一种是结合反射设备和滤光材料来产生光线的漫反射。灯具内部的光线通过折射和过滤，能均匀且柔和地传播出来，创造出舒适的光照环境。漫射照明的特性在于其光线的柔和与细腻，不会形成明显的光斑和反光，非常适合创造舒适的照明环境和优雅的装饰效果。

（三）室内物理照明的效用及其设计策略

1. 照明设计与空间设计的融合

（1）照明对空间组织的优化

①主次空间的明确划分：利用主照明与辅助照明的结合，通过控制照明强度、色温及位置，有效区分主要区域与次要区域，增强空间的功能性。

②隐私空间的营造：根据空间使用对象的确定性，通过照明强度的控制，为公共空间提供充足的亮度，为私密空间提供柔和的光线，以创造舒适的环境。

③空间过渡的和谐处理：在功能不同的空间衔接处，通过融合相邻空间的灯光特征，实现照明上的平滑过渡，减少视觉突兀感。

（2）光效对空间情感的表达

①下沉空间的安全与幽静：利用暖色调照明和适度的亮度调整，增强下沉空间的隐蔽感和安全感，营造亲和的氛围。

②上升空间的张扬与个性：通过提高照度，增加灯光流动性及对比性，展现上升空间的活力与积极向上的精神。

③凹式空间的内敛与包容：利用均匀照度和暖色调灯光，营造凹式空间的平和与宽敞感，营造优雅、温馨的空间氛围。

④凸式空间的互动与动态：注重端部空间的光环境处理，通过生动的照明设计激发凸式空间的活力与冲动感。

（3）照明对空间不利条件的改善

①改善尺度感：通过高照度设计，并采取均匀布光，可达到扩大狭小空间视觉感受的效果。

②优化异形空间：通过局部装饰照明的艺术化处理，可缓解异形空间给人们带来的不适感。

③削弱建筑构件体积感：利用光线照射角度和亮度对比，减弱大截面构件的笨重感。

2. 灯具的装饰性与光效设计

（1）灯具的装饰性

①形态与尺度：不同形态和尺寸的灯具可以为空间增添独特的形式美感。

②材质与色彩：选择不同材质和色彩的灯具来装饰空间，可以为使用者带来丰富的审美体验。

（2）光效设计

①点、线、面光源的综合运用：通过点、线、面光源的分布，可以产生独特的视觉效果，利用对比、协调的手法，创造出灵动而统一的光效。

②亮度对比的营造：通过光亮度的对比，可以营造出不同空间氛围，如宁静、平和的环境氛围，充满活力和浪漫的氛围。

③色彩对比与情感调节：适度对比冷色与暖色光环境，可以实现空间情感的协调与平衡，营造愉悦、舒适的空间氛围。

本章习题及答案

第六章　室内色彩环境

第一节　色彩的基本知识

色彩在室内设计领域具有卓越的学术和实践价值，其作用既涵盖了创造视觉形式的主要媒介，也在实用功能上发挥着至关重要的作用。在人类感知物体的过程中，色彩是一项强大的设计元素，能够以极为迅速和显著的方式影响我们的视觉感知。在室内设计中，色彩与形体同等重要，甚至在引起第一印象和视觉效果上更具有影响力。

室内色彩能够对人们的情绪产生直接而深远的影响，不同的色彩可以唤起人们不同的情感和心理状态。例如，明亮、鲜艳的色彩可以给人带来欢快和兴奋的感觉，而柔和、淡雅的色彩有助于营造宁静和放松的氛围。因此，在室内设计中，设计师巧妙地运用色彩可以创造出与空间功能和氛围相契合的视觉效果。除了在视觉和情感层面发挥作用，色彩还是一种非常实际的装饰要素，设计师通过选择不同的色彩搭配家具、陈设、织物等元素，可以产生各种不同的装饰效果。研究表明，色彩在室内设计中更深层次的作用，是它对人们的生理、心理和情感产生影响。比如，特定的色彩可以引起人们的生理反应，如增加或降低人的心率和血压，改变呼吸节奏等。

一、色彩的来源

我们视觉所能感知到的色彩，实际上是光、物体、视觉系统和脑部相互作用的结果。当光源发出的光照射到物体上时，光线经历了吸收、反射和透射的相互作用，然后进入人的眼睛，再通过视神经传递至大脑，从而形成我们对色彩的感知。这就是色彩感知的基本过程。

在现代色彩科学中，太阳通常被用作标准光源，以解释光的颜色等现象。太阳光是由多种光谱颜色组成的白光。英国科学家牛顿通过三棱镜的分解实验，将太阳光分解为红、橙、黄、绿、青、蓝、紫七种光谱颜色。这一颜色分解理论在色彩学领域得到人们的广泛认可，尽管后来的观点有时将蓝色视为青色和紫色之间的中间色，从而将光分为六种颜色。

当太阳照射到物体上时，物体会吸收特定光谱颜色并反射其余光谱颜色，这决定了物体的外观颜色。例如，红色布料吸收了橙、黄、绿、青和紫色的光，只反射红色的光，因此我们能够辨认出它为红色；树叶吸收了红、橙、黄、青和紫色的光，只反射绿色的光，因此我们能够辨认出它为绿色；白色物体因反射出大部分光谱颜色而呈白色；黑色物体因吸收了大部分光谱颜色而呈黑色；灰色物体则对各种光谱颜色都进行了部分吸收和反射，而呈现出不同明暗程度的灰色。需要注意的是，黑色和白色都是相对的概念，因为在自然界中并不存在完全吸收或反射所有光色的物体。同样地，物体对光谱颜色的吸收和反射也是相对的。实际上，除了大部分吸收或反射某种光谱颜色外，物体往往还会少量吸收或反射其他光谱颜色。正是由于这些复杂的相互作用，世界上的物体才能呈现出丰富多彩的色彩，有时甚至达到令人眼花缭乱的程度。

二、色彩三要素

在研究色彩的视觉效果时，我们通常从色相、明度和纯度三个方面进行分析，将它们作为评估和比较各种色彩的标准和尺度。这三个方面在任何物体上都同时存在且不可分割。

（一）色相

色相是指能够准确表示某种色彩的名称，如红、绿、蓝、黄等，它是颜色最基本的属性和特征，用于区分一种颜色与另一种颜色。红色、橙色、黄色、绿色、青色、蓝色和紫色是最基本的色相。这些色相在色相环上各自占据着特定的位置，形成一个无限循环的色相环（图 6-1）。从一个色相到另一个色相的变化可以通过调整光的波长来实现，如从红色过渡到橙色、黄色、绿色等。

色相的变化让我们能够识别和描述不同的颜色，它是我们感知和区分色彩的基础。色相的选择和组合在视觉设计、艺术和其他领域中起着重要的作用。它们可以用于传达感情、创建对比度、引起注意、表达个性和传达特定的意义。此外，色相也受到文化、环境和个人偏好的影响，因此在不同的文化背景和环境中，对于特定色相的感知和意义可能会有显著的差异。

（二）明度

明度是指色彩的明暗程度。不同的色相在明度上表现出差异，这种差异在光谱色彩中尤为显著，黄色的明度最高，紫色的明度最低。在同一色相中，由于受到光的强度不同，色彩的明度也会有所不同。即使是红色，也存在深红、中红、浅红等不同的明度区别（图 6-2）。

明度的变化赋予了色彩明暗的对比效果，也影响着我们对色彩的感知和表达。

一般而言，较高明度的色彩通常被认为是明亮的、鲜艳的，较低明度的色彩则被视为暗淡的、低调的。明度的调整在视觉设计中发挥着关键作用，可用于创造光影效果、赋予色彩层次感，并且可以平衡色彩的对比度。这种明度调整可以在图像、绘画和室内设计中用于增强视觉吸引力，产生视觉深度和强化色彩的视觉效果。

（三）纯度

纯度是指色彩的纯净程度，又称为色彩的鲜艳度或饱和度。高纯度的色彩表示色彩中有很少的灰度或其他色彩的混合，呈现出饱满而鲜明的效果；低纯度的色彩则含有更多的灰度或其他色彩的混合，呈现出柔和而淡化的效果（图 6-3）。

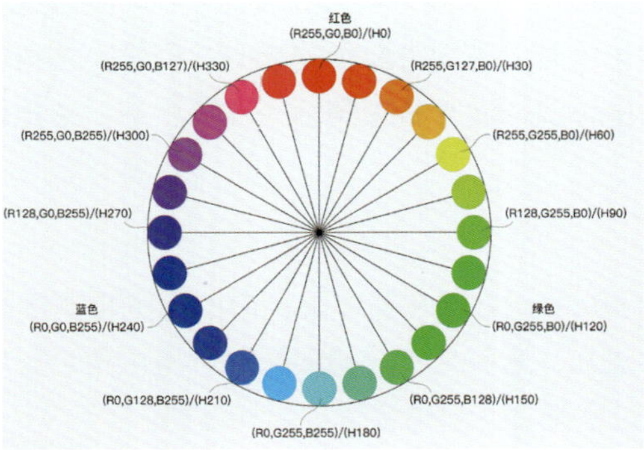

图 6-1　色相环

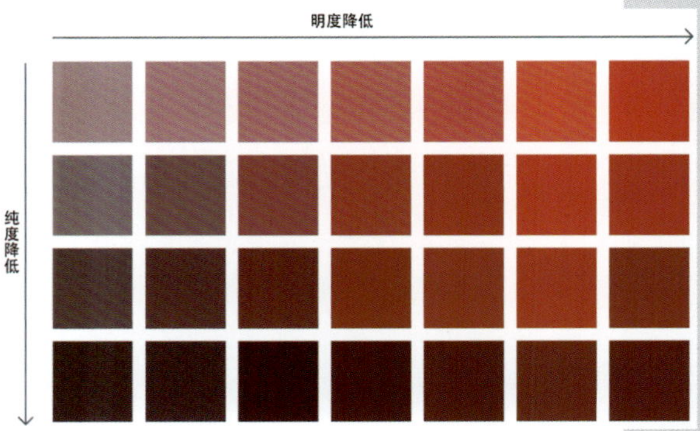

图 6-2　明度变化

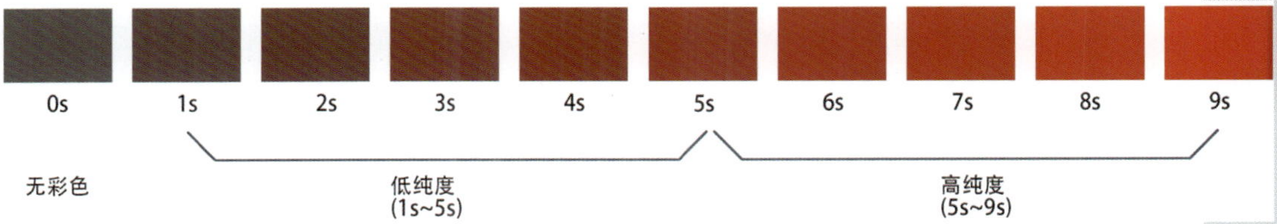

图 6-3　纯度变化

纯度的变化对人的心理具有非常微妙的影响。不同年龄、性别、职业和教育背景的个体对色彩纯度的偏好存在显著差异。有些人倾向于高纯度的鲜艳色彩，因为这种色彩能够产生强烈的视觉冲击和活力感。有些人可能更倾向于低纯度的柔和色彩，因为这些色彩能给人传达出一种平和与舒适的感觉。因此，在色彩设计中，设计师需要考虑目标受众的喜好和感受，以便选择适合目标受众需求的色彩纯度。

第二节　色彩的搭配与协调

室内色彩设计的关键在于如何正确处理不同色彩之间的相互关系，其中最关键的在于色彩的搭配与协调。

恰当的色彩搭配在室内设计中可以营造平衡和稳定的气氛。选择相近的色相或同一色彩家族的色彩组合，可以实现柔和的调和效果。协调的色彩方案通常被用于创造舒适和令人愉悦的空间感。然而，如果过分强调协调，可能导致室内色彩显得平淡无奇、单调呆板，缺乏足够的视觉刺激和活力。因此，在追求协调的同时，需要在室内设计中引入一些亮点和变化，以避免色彩的单调感和乏味感。

处理室内色彩关系的一般原则是“大调和、小对比”。这意味着在整体设计趋势上应强调协调和谐，尤其是在主要的色彩区块之间要追求协调性。在细节部分或小的色彩区域中，设计师可以引入一些对比色彩或明度对比较大的色彩，以增加视觉的活力和变化。这种“大调和、小对比”的方法有助于创造视觉层次和平衡，从而实现色彩设计的美感。

一、 色彩的四种角色

（一）背景色

在室内设计中，墙面、地面、天花板、门窗、地毯等，通常占据空间中最大的比例（约 60%），它们对空间整体配色具有重要的作用。这些大面积色彩的选择对于营造舒适感至关重要。一般而言，人们倾向于选择柔和且淡雅的色调，以创造宜人的感觉；相反，如果追求更具活力或华丽的效果，可以选择更为浓郁的背景色。

（二）主角色

主角色就是居室中的主体色彩（占比 20%），指大件家具和装饰织物等构成视觉中心的物体的色彩。它们在整体色彩搭配中扮演着重要的角色，可以被视为配色的核心。但是，主角色并非绝对，不同的空间可能有不同的主角色。例如，在客厅中，沙发通常是主角色；在餐厅中，主角色通常是餐桌或餐椅；在卧室中，床则是绝对的主角色。

（三）配角色

配角色通常是主角色的陪衬（占比 10%），它们在整体配色中的视觉重要性和面积次于主角色。通常情况下，配角色指的是小型家具，如边几、床头柜等。如果配角色与主角色形成对比，主角色会显得更为鲜明和突出。如果配角色与主角色过于接近，整体会呈现出和谐感。

（四）点缀色

点缀色是居室中的小面积色彩（占比 10%），是最容易变化的，如工艺品、靠枕、装饰画等。点缀色通常与主体色彩形成对比，以创造生动的视觉效果。如果主体色彩本身已经非常鲜明，为了追求色彩搭配的稳定感，点缀色也可以选择与主体色彩相近的色彩。

二、色彩的搭配与协调

（一）调和色的搭配与协调

1. 单纯色

单纯色，也称为同种色，是指色相相同但明度不同的颜色。单纯色的运用可以轻松实现室内色彩关系中协调、统一的效果（图 6-4）。例如，选择深灰色的地毯和窗帘，与浅灰色的墙面相映衬，产生温暖而和谐的视觉效果。

然而，过分使用单纯色来处理室内色彩关系会容易出现单调的问题，最好的方法是在大面积淡色背景周围添加小面积浓色块元素。例如，在前面提到的浅灰色的起居室中，可以在墙角或壁柜上添加一些小面积的深灰色装饰品，如画、瓶子或摆件。这样可以在保持协调性的同时，增加视觉上的变化和层次感。此外，还可以在沙发上摆放带有图案或纹理的深灰色靠垫和抱枕，以增加视觉上的变化。

2. 同类色

同类色是指在色环上相邻的颜色，它们具有相似的色相，但明度和饱和度不同。同类色之间存在天然的过渡和连贯性，具有视觉上的内在关联，如红色和橙色、绿色和黄绿色、蓝色和紫色等。当运用同类色进行色彩搭配时，可以创造出和谐且平衡的色彩关系（图 6-5），使空间具有统一的基调，给人以平和、大方、简洁、清爽、完整和沉着的感觉。

同类色的协调特点在于总体相同但在细微层面存在着差异，这就使其非常适用于那些需要庄重和高雅氛围的空间，也适用于那些不需要过于引人注目、不希望分散注意力的空间，如卧室、书房等。同类色还能有效地净化空间，使元素和物品融为一体，因此，同类色可以用于面积较小且陈设较为杂乱的环境中。同类色协调的方法相对容易掌握，并且具有显著效果。但是，在实际设计中，如果设计不得当，则会给人以朴素、沉闷和单调之感。为了避免这种情况发生，就需要采取一些手段来增加色彩的多样性和丰富性。以下提供了一些解决的方法：

首先，划分色块。将相同部分（如墙面、地面、顶棚等）划分为不同大小和形状的色块。这样做可以增加视觉上的变化和层次感。

其次，增加级差。增加明度和彩度的差异，可以使色彩更加生动和突出。

再次，重点放在材料和纹理上。将墙壁、地板、天花板、地毯、家具、纺织品等的材料、纹理和光影效果充分展现出来，在粗糙和细腻，光亮和灰暗，透光和遮阴上创造出鲜明的区别。

最后，运用装饰性的物件。例如，运用灯具、壁毯、挂画、盆花、玩具、器皿等作为装饰品，来与色调相呼应，这些装饰品能够带来不同的颜色，给空间增加一些亮点和多样性。

图 6-4　单纯色协调

图 6-5　同类色协调

3. 近似色

近似色，也被称为类似色或邻近色，指的是色环上色相距离介于同类色和对比色之间的颜色，如红色与橙色、橙色与黄色、黄色与绿色、绿色与青色等。红色和橙色都含有红色成分，橙色和黄色都含有黄色成分，黄色和绿色都含有黄色成分，绿色和青色都含有青色成分。设计师在进行色彩搭配时，如果两种颜色不太协调，可以将其中一种颜色加到其他色彩中去，让整体效果看起来更加和谐。以红色和绿色为例，它们原本是互为补色的，但是当它们同时被加入橙色后就会相互呼应，有一种淡淡的和谐之感。

近似色之间存在较大的色相差距。色相差距较小的近似色彼此相互协调，呈现出明显的调和效果，而色相差距较大的近似色则在色彩上有对比作用。因此，室内设计师使用近似色来处理室内的色彩颜色关系，会让室内色彩更加丰富（图 6-6）。

在室内设计中，使用近似色来处理色彩关系通常采用以下方法：

首先，选取一至两种色相相近的浅色作为背景色，以确保色彩协调。

其次，引入一至两种色相明显不同且饱和度较高的色彩，用于突出家具和装饰物品，以产生视觉焦点，从而实现色彩的层次感和变化。由于近似色之间的色相差距相对较大，这种方法有助于创造出不同的色彩层次，特别适用于室内空间较大、涉及多个色彩元素和功能需求较为复杂的室内环境。

（二）对比色的搭配与协调

除了运用调和色来处理室内色彩关系，对比色也是一种常见的设计策略。对比色是指位于色相环上相互对立的两种颜色，如蓝色和橙色、绿色和红色等。对比色具有明显的差异，能够引发强烈而明显的视觉对比效果，从而凸显物体和环境的生动性和动态感，使它们更为引人注目和富有表现力。室内设计师运用好对比色，可以创造出引人注目的室内环境，营造强烈的、引人入胜的氛围，有时还能制造出充满活力或不寻常的感觉。对比色还有助于突出特定部分或物体，凸显它们与周围背景的鲜明差异，使它们在整体室内环境中更加与众不同（图 6-7）。

对比色呈现出相互排斥的特性，特别是当对比色块的面积较大、色彩饱和度和明度较高，且对比色的组合过于密集时，很容易引发视觉上的过度刺激。当大面积的明亮对比色（如鲜艳的红色和鲜绿色）在室内环境中被大量使用时，这种组合可能会导致视觉上的冲突和不适感。要避免这种情况出现，需要注意以下几点：

其一，确保在色彩组合中有主要色和次要色的区分，遵循“万绿丛中一点红”或“画龙点睛”的原则。通过引入突出的对比色，创造出主次分明的效果。

其二，避免对比色块均匀分布且孤立存在的情况，特别是在色块面积较大且色彩明度较高的情况下，更需要注意。采用疏密相间的配置方式有助于实现协调的效果。

其三，利用中性色（如黑色、灰色、白色、金色、银色等）作为对比色之间过渡和调和的媒介。中性色的运用可以平衡强烈的对比色，使整体色彩更加和谐。

图 6-6　近似色协调

图 6-7　对比色协调

（三）无彩色与有彩色的搭配与协调

黑色和白色代表了色彩的极端明度，它们具有各自独特的情感和象征。黑色赋予人一种深沉、神秘和凝重的感觉，它代表着力量、权威和神秘性，常被用于营造高雅、奢华或庄重的氛围。相反，白色则传达着纯洁、明亮和清新的感觉，它代表着纯净、简约和无限可能性，常被用于打造明亮、宽敞或简约的环境。在色彩的明度范围中，黑色和白色之间存在着广泛的中灰色调。中灰色没有明显的色相和彩度，它在明度上也处于黑色和白色之间。中灰色的特点是中性、沉稳和温和，不会过于突出或集中注意力，中灰色在室内色彩设计中具有高度的灵活性和适应性。

无彩色系，即由黑、白和灰组成的色系，在与有色彩系相互结合时，可以起到平衡和调和的作用。无彩色系可以与几乎所有的色彩相互搭配，既能突出彩色的鲜明特点，又能避免彩色之间的冲突（图6-8）。特别是白色和不同明度的灰色，在室内设计中得到了广泛的应用，它们具有良好的过渡和中和能力，能够平衡整体色彩的对比度和明度，为室内环境带来统一、稳定的效果。例如，当环境中充斥着繁杂、鲜艳的色彩时，使用白色或灰色作为背景能够起到统一、平静的作用。白色和浅灰色能够为视觉提供轻盈、明亮的感觉，又能让其他彩色元素更加突出和鲜明。而深灰色则能够为环境带来稳重、内敛的氛围，使彩色元素呈现更加沉稳和成熟的效果。合理运用白色和灰色，可以实现平衡和和谐的室内设计效果。

第三节　室内色彩设计的效果与作用

人们通过视觉器官感知到色彩后，会产生多种作用和效果，研究和应用这些作用和效果，有助于室内色彩设计更加科学化。

一、色彩的物理效果

人们对物体颜色的感知是一种受其周围环境影响的复杂过程，因为环境中的色彩与物体本身的颜色会相互作用，从而产生多种视觉效果，如协调、排斥、混合或反射等。这些效果显著地影响了观察者对物体的尺寸、形状等方面的主观感知。

（一）温度感

人们对太阳和火有着自然的温暖感，这种感觉逐渐地延伸到与之相关的颜色上，如将红色、橙色和黄色等颜色与温暖联系在一起。同样地，海水和月光给人一种凉爽的感觉，因此人们也开始将青色和青绿色等颜色与凉爽联系在一起。这表明，色彩的温度感是主观的和经验性的，是人们长期实践的结果。

图 6-8　无彩色与有彩色的协调

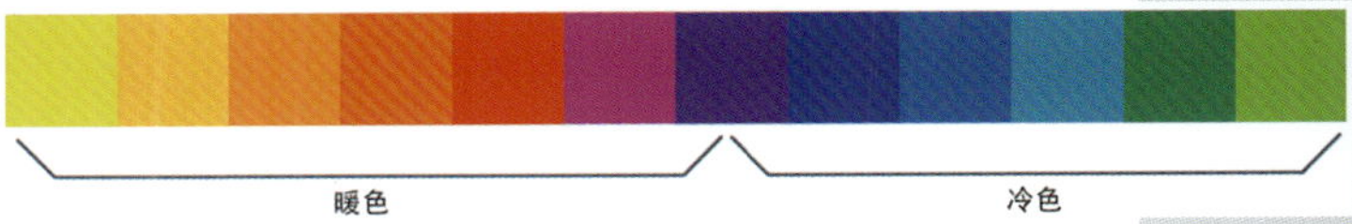

图 6-9　冷暖色块

根据由十二种基本色相组成的色环，我们可以观察到以下规律：从红紫到黄绿的颜色被归类为暖色，其中橙色被认为是最暖的颜色；从青绿到青色的颜色被归类为冷色，其中青色被认为是最冷的颜色；紫色是由属于暖色的红色与属于冷色的青色混合而成，绿色是由属于暖色的黄色与属于冷色的青色混合而成，因此紫色和绿色被称为温色（图6-9）。黑色、白色、灰色，以及金色、银色等颜色既不属于暖色，也不属于冷色，它们被称为中性色。

色彩的温度感是相对的，而非绝对的。通常情况下，有彩色被认为更暖，而无彩色则被认为更冷。从无彩色的角度来看，黑色被认为比白色更温暖；从有彩色的角度来看，当某种颜色中含有更多的红色、橙色、黄色等成分时，它会偏向暖色，而当其中含有更多的青色成分时，它会偏向冷色。因此，绝对地将某种颜色（如紫色、绿色等）称为暖色或冷色通常是不准确和不恰当的，同一种颜色在不同的环境中或与其他颜色的组合中可能会产生不同的温度感。我们应该意识到色彩的温度感是主观的，并且可能因为受到个体、文化和环境等因素的影响而有所差异。

除此之外，色彩的温度感还与明度密切相关。较高明度的色彩会给人凉爽的感觉，较低明度色彩则会给人温暖的感觉。色彩的温度感还与饱和度有关。在暖色调中，饱和度越高，色彩越具有温暖感；在冷色调中，饱和度越高，色彩则越具有凉爽感。色彩的温度感还受到物体表面光滑程度的影响。一般而言，当物体表面较为光滑时，色彩会呈现冷感，当物体表面较为粗糙时，色彩则会呈现暖感。

在室内设计中，巧妙地运用色彩的温度效果有助于营造出特定的氛围和环境，并且有助于弥补不利的空间朝向而产生的缺陷。实验表明，色彩的冷暖差异可以给人带来主观感觉上的温度差异，相当于3~4℃的变化。

（二）重量感

色彩的重量感主要由其明度决定，较高明度的色彩通常给人以轻盈感，较低明度的色彩则赋予人一种沉重感。基于这一观点，有学者将色彩分为轻色和重色两种。在室内设计中，巧妙地运用色彩的重量感有助于实现色彩关系的平衡和稳定。例如，采用上部较为轻盈的色彩配置和下部较为沉重的色彩配置有助于在视觉上保持室内色彩的平衡，给人呈现出一种协调和稳定的感觉。

（三）体量感

从体量感的角度来看，色彩可以根据明度归类为膨胀色和收缩色。明度较高的色彩通常具有更强烈的膨胀感，使物体看起来更大、更加显眼。相反，明度较低的色彩通常赋予物体收缩感，使物体显得较小或体积较小。此外，色彩的体量感也与色相有关。例如，暖色调给人一种膨胀感，冷色调则给人一种收缩感。因此，通过运用色彩的体量感特性，我们可以在室内设计中调整空间的视觉感知效果，改善其形状和比例。例如，当我们面对过大的墙面时，选择适当的收缩色彩可以使其显得不宽广；当面对过小的墙面时，选择适当的膨胀色彩可以减轻其带来的局促感。

（四）距离感

色彩可以在视觉上影响人对物体的距离感知，因此，色彩也可以被划分为近感色和远感色。近感色是指那些在视觉上使物体与观察者之间的距离显得较近的颜色；而远感色则是指那些在视觉上使物体与观察者之间的距离显得较远的颜色。

色彩的距离感与色相之间存在关系。实验表明，不同的色相可以产生前进或后退的效果，主要色彩按照从前进到后退的次序排列如下：红色＞黄色≈橙色＞紫色＞绿色＞青色。因此，我们可以将红色、橙色、黄色等颜色归类为前进色，将青色、紫色等颜色归类为后退色。

色彩的距离感除了与色相有关，还与明度有着密切的关系。一般而言，高明度的颜色会给人一种前进感，而低明度的颜色则会给人一种后退感。这是因为在日常生活中，我们通常会认为朝向光线的表面凸出，而背向光线的表面是后退。

利用色彩的距离感知效应，室内设计师可以精心调整空间的布局，以优化其形状和比例，创造出更具深度和视觉吸引力的室内环境。

二、色彩的心理效果

色彩的心理效果可分为两个维度：悦目性与情感性。前者指色彩在审美上引发的愉悦感受，后者则强调色彩在情感、联想，以及象征层面的影响。这两个维度会受到个体特征与文化因素的影响，包括但不限于年龄、性别、民族及职业等。

色彩的情感性主要体现在它能够引起人们的联想，即激发起人们对过去经验和知识的回忆，从而在人们的心中唤起各种情感，这些情感可激发个体的联想，甚至催生特定的象征含义。举例而言：

红色——它很容易让人们联想到热情、热烈、美丽、吉祥、活跃和忠诚的感觉，但也可能引起人们对危险、卑俗和浮躁的联想。

橙色——常被看作是丰收的象征，赋予人明亮、甜蜜、温馨和充满活力的感觉。它引发人们对成熟和收获的想象，尽管有时也可能唤起人们不安或烦躁的情绪。

黄色——常用于皇家服饰和宫殿中，给人一种高贵、娇媚的印象，同时它也给人传达出一种光明的象征。

绿色——与大自然、植物和生长有着紧密的联系，因此它可以唤起人们对自然环境的联想和向往。它通常会给人一种新鲜、平静、和谐、健康和希望的感受。

蓝色——是一种冷静和宁静的颜色。它经常让人联想到宽广的天空和深远的海洋，给人以宁静、清新、专注和信任的感觉。蓝色也与冷静、理性和思考等特质相关联。然而，蓝色有时也可能给人带来冷漠、孤独和忧郁的情绪。

紫色——经常让人联想到奢华、独特、创造力、精神和神秘感。紫色也与皇家、高贵和权威等元素有着联系，因此它可以唤起人们对尊贵和优雅的联想。然而，紫色有时也可能让人感到疏离和不可预测。

白色——是一种纯净和明亮的颜色。它经常让人联想到清新、纯洁、和平、简约和无私。它还象征着无辜、新生，以及无限可能性。

灰色——是一种中性和平衡的颜色。它处于白色和黑色之间，给人一种中庸和稳定的感觉，常常让人联想到中立、成熟、实际和冷静的态度。

黑色——是一种神秘和强烈的颜色。它经常让人联想到权威、力量、正式、高雅和神秘感；但同时也可能让人感到沉重、阴暗或消极，与悲伤等情绪产生联系。

在不同的文化和社会背景中，特定颜色的象征意义会有所不同，使色彩的情感性逐渐演变为象征性。

三、色彩的生理效果

色彩对人的视觉系统会产生广泛的生理效应，其中最重要的是视觉适应性。视觉适应性是指视觉系统对于不同亮度环境的适应过程，分为明适应和暗适应两种情况。当人从暗处走到明处时，需要约半分钟或一分钟时间才能适应并清晰地看到明处的物体；从明处走到暗处时，也需要一段时间才能适应并看清暗处的物体。类似地，视觉系统对颜色也表现出适应性，即色适应，是指由于色彩刺激而导致视觉感知的暂时性变化。如果我们长时间盯着红色物体，然后转向看其他颜色，我们可能会感觉到一种对相反颜色的暂时不适应，导致我们在一段时间内难以准确地感知该颜色。在室内色彩设计中，色适应原理被广泛运用。例如，室内设计师通常将物体的补色用作背景色，以减少视觉疲劳和消除视觉干扰。

研究表明，不同颜色的光线可以刺激人体的神经系统和脑部活动，进而影响脉搏、心率、血压等生理指标。

红色——具有刺激和使神经系统兴奋的效果，能够促进人体血液循环并增加肾上腺素的分泌。红色是所有颜色中最能够让人心跳加速的颜色，然而过多接触红色可能产生身体和心理的紧张感及焦虑情绪，长时间接触红色还可能引起疲劳感。

橙色——有助于人们产生活力和增加食欲，也有助于钙的吸收。橙色适用于餐厅等场所。然而，需要注意的是，橙色的彩度不宜过高，否则可能导致人过度兴奋，出现类似醉酒的情况。

黄色——被认为可以刺激神经系统，促进大脑的思考和创造力，并具有提高注意力和集中力的作用，有助于提高逻辑思维能力。然而，过多使用黄色可能引发人们的不安和情绪不稳定，可能导致行为表现上的随意性。因此，在办公室或其他公共场所，应谨慎使用大量的黄色。

绿色——被认为具有镇定和放松的效果，可以减轻压力和焦虑，并促进身心的平衡和恢复，对好动者和身心受压者非常有益。因此，绿色在办公室、学习环境和医疗设施中被经常使用。

蓝色——能缓解紧张情绪，可以降低心率和血压，产生放松和安抚的效果。蓝色还与提高专注力和增强创造力有关，在需要冷静和集中注意力的环境中使用蓝色是常见的选择，如办公室和学习区域。

紫色——被认为可以促进深思和冥想的颜色，帮助平衡情绪和解决内心的矛盾。它还被认为具有启发创造力和想象力的作用。

第四节　室内色彩设计的基本原则

在进行室内色彩设计时，应综合考虑空间的使用功能、形式、大小、方位及使用人群的个性偏好等因素，而且要注意分析空间所在地的地理环境、气候、民族文化等特点。室内色彩设计应遵循以下基本原则。

一、色彩与功能融合

在进行室内色彩设计时，色彩需要服务于空间的使用功能。色彩的选择应根据该空间的使用目的和受众群体来确定，以确保色彩的应用能够最大程度地支持和增强空间的使用功能，满足不同受众群体的需求。

在医疗场所的色彩设计中，恰当的色彩选择有助于病人休养，并且能让病人对医院产生信任感。然而，色彩选用不宜过多而应当简洁明快，避免采用视觉观感上过于刺激的颜色，因为这可能会让患者感到混乱和不安，不利于患者的休养。在医疗空间的色彩配置中，应注重色彩的协调性和舒适性，确保为患者提供一个安定、愉悦的疗养环境。因此，在医疗空间设计中，设计师通常使用白色、中性色和饱和度较低的色彩作为空间基调，以营造出宁静、和谐的氛围，增强空间的整洁感（图 6-10）。

图 6-10　吴江经济技术开发区人民医院

在办公空间的色彩设计中，设计师需要考虑如何通过色彩搭配来提升员工的工作效率和创造力。通常情况下，选择明亮的色彩如浅灰色、浅蓝色或浅绿色可以带给使用者清新、专注和积极的感觉，有助于提高员工的专注力和工作动力。企业的品牌形象和标识也是选择办公空间颜色的关键因素之一。为了增强品牌的认知度和形象感，设计师可以根据品牌定位和目标受众，选择与品牌形象相符合的颜色作为办公空间的主色调（图 6-11）。

餐厅或咖啡馆的色彩设计是决定其氛围和顾客就餐体验的关键因素。在开始设计之前，设计师可以根据地域文化、目标人群、地理位置等因素来确定餐厅的主题和色彩方案，进而根据主题来选择颜色。例如，单色调可以营造出宁静、安详的氛围，适合需要放松和安静的顾客（图 6-12）；相似色调可以产生温和、舒适的视觉效果，适合各种顾客；互补色调则可以营造出活泼、鲜明的氛围，吸引年轻人的注意。

在图书馆或学习空间的色彩设计中，设计师应当选择让使用者感到舒适、安静和专注的色彩搭配。主导色彩可以选择柔和而安静的色调，如浅蓝色、浅绿色、木色和灰色等（图 6-13）。这些色彩能够营造出宁静和专注的氛围，适用于长时间学习和阅读的空间。这些柔和的色彩能够帮助使用者集中注意力，提高学习效率，也可以让人们感到放松、舒缓，有助于减轻压力和紧张情绪，从而营造出宜人的学习氛围。此外，对于用途多样的空间，设计师可以利用不同的颜色来划分不同的功能区域。

在零售空间的色彩设计中，关键是根据品牌形象和产品特点来确定色彩选择。不同品牌的定位和目标受众不同，因此色彩的选用也会有所区别。对于时尚品牌来说，通常倾向于选择鲜艳和引人注目的色彩，以吸引年轻人群体，展现时尚与活力，这样的色彩选择可以通过调节色彩的饱和度和对比度来实现（图 6-14）。对于高端品牌而言，则更倾向于选择典雅的色彩，以展示产品的高品质和独特价值。通常，柔和、优雅的色彩（如深蓝色、紫色或金色）能够传达出品牌的独特魅力和奢华感。在空间设计中精心运用这些色彩，不仅能够营造出独特的视觉效果，还可以提升整体空间的格调，增强品牌识别度和用户的感官体验。这些色彩策略在高端零售店、豪华酒店及精品展示空间中尤为常见，旨在通过色彩的运用塑造品牌形象，吸引并留住顾客。零售空间的色彩设计不仅要与品牌形象相符，也要创新配色方案，以吸引更多顾客的注意力。设计师可以根据季节变化和新品发布来适当调整室内部分设计元素的颜色，以打造独特的购物体验。

在卖场和展厅的色彩设计中，为了体现商品的丰富性、独特性和吸引顾客的目的，墙面应当选择饱

图 6-11　Indeed 杜塞尔多夫办事处

图 6-12　海边 y 餐厅

图 6-13　上海交通大学包玉刚图书馆空间改造

图 6-14　番茄口袋三里屯旗舰店

图 6-15　“NIO 蔚来”旗舰店

和度相对较低的颜色。这种色彩选择策略能够避免墙面色彩与商品色彩的视觉竞争，从而更好地突出商品的特质。中性和素雅的颜色，如白色、浅灰色、米色或淡黄色，可以创造出相对平静和统一的背景，从而使商品更加突出（图 6-15）。卖场和展厅的色彩设计也需要突出品牌形象和商品的特点。例如，选用体现品牌的标志性颜色和图案，以增强顾客的认知度和印象。

总而言之，室内色彩设计是影响使用者身心健康的重要因素，也是提升室内空间美感的关键手段。设计师应根据空间的使用功能和受众群体选择合适的色彩，以营造适宜的氛围，提升用户体验。

二、和谐统一的构图原则

在室内色彩设计中，我们需要遵循形式美的原则，巧妙处理协调与对比、统一与变化、主景与背景、基调与点缀等各种关系。如果色彩种类过少，处理较为简单，可能会使空间显得单调乏味；如果色彩种类过多，变化多样，又可能会使空间显得杂乱无章，因此和谐统一的构图原则对室内色彩设计至关重要。通过合理的色彩搭配和整体设计，可以确保空间的视觉效果既有层次感又不失秩序，从而提升空间的整体品质和使用体验。

（一）色彩基调的确定

在色彩关系中，基调是指主要的或占主导地位的色彩调性，它为室内空间设定了整体的氛围和基本色调。色彩基调的确定是室内设计中的关键步骤，它确定了整个空间的主要颜色，起到丰富、润色、烘托、陪衬的作用。

室内色彩基调的确定，主要取决于空间中所占比例较大且引人注目的空间元素的色彩。地面、墙面、天花板、窗帘等元素在室内空间中占据较大的面积，因此它们的色彩组合对空间整体色彩基调的确定至关重要。色彩基调具有强烈的感染力，它可以在一个丰富多彩的色彩体系中起到统一和调和的作用。在一个拥有众多色彩的室内环境中，要使它们相互协调、相互呼应，并赋予主次关系和强弱对比，关键在于将它们统一在一个色调中。这一色彩基调将决定整个室内色彩设计的方向，使整个空间统一、协调又具有吸引力。

色彩基调的形成受到多种因素的影响，包括色彩的明度、冷暖和色相等，按照明度可以分为明调子、灰调子和暗调子。明调子以高明度的色彩为主，给人以轻松、活泼、清新的感觉；灰调子以中等明度的色彩为主，给人以稳重、平静、含蓄的感觉；暗调子则以较低明度的色彩为主，具有暗淡、深沉的特点，给人以神秘、沉思、安静的感觉。在室内设计中，明调子可以营造明亮、愉快的氛围，适用于阳光房、儿童房或办公室等；灰调子可以营造平静、专注的氛围，适用于办公室、阅读区或客厅等；暗调子可以营造个性、深邃的氛围，适用于展厅、电影院或酒吧等。

按照色彩的冷暖，色彩基调可以分为冷调子、温调子和暖调子。冷调子以蓝色、绿色、紫色等冷色系为主，给人清凉、冷静、安静的感觉，能够营造出放松、平静氛围的空间（图 6-16）；温调子介于冷调子和暖调子之间，以黄色、米色、棕色等中性色系为主，给人温暖、舒适的感觉，可以用于营造亲切、温馨氛围的空间（图 6-17）；暖调子以红色、橙色、黄色等暖色系为主，给人温暖、亲切、充满活力的感觉，适合用于营造活跃、充满活力和舒适氛围的空间（图 6-18）。

按照色相，色彩基调可以分为黄调子、蓝调子、绿调子等，黄调子给人热情奔放的感觉，蓝调子给人宁静的感觉，绿调子则遇暖则暖，遇冷则冷，要搭配使用。

图 6-16 虹桥世界中心办公楼样板间

图 6-17 AdventHealth 妇女医院

图 6-18 KiKi Noodle Bar（香港 IFC 店）

色彩基调的确定是室内色彩设计的关键步骤。色彩基调不仅决定了室内环境的整体特色和设计方向，还赋予空间独特的个性和氛围。如果没有一个明确的色彩基调，室内色彩就会因为混乱而失去特点，无法展现出设计者所追求的意境和主题。一个明确的色彩基调可以帮助设计者在室内设计中实现他所期望的视觉效果和情感体验。因此，选择适合的色彩基调是确保室内色彩设计成功的关键。

（二）统一与变化的处理

室内色彩设计中的统一与变化是一个关键的设计原则，可以帮助设计者创造出和谐有趣的室内环境。

统一主要体现在色彩的和谐性上，即色彩的基本要素如色相、明度、饱和度之间的相互靠近，从而产生一种统一感。色彩的和谐性是指在整个室内空间中使用相似的色调，以确保整个空间看起来一致协调。实现色彩和谐性的方法之一是选择一个主色调或一组色系，这些色系中的颜色可以是同一色系中的不同色调，或是相互补充的色彩组合。这种方式可以有效地提升空间的整体美感和舒适度。统一的色彩方案赋予空间更强的整体性和秩序性，可以创造出具有统一性和舒适感的空间。

变化则是通过色彩的多样性来实现的。变化的色彩为室内设计营造了不同的气氛，色彩的变化是控制、完善与加强空间氛围感的有效手段。例如，在办公空间中，会议室通常采用深色和中性的色调，可以营造正式和专业的气氛；休息区则采用明亮和轻快的颜色，给人以轻松、愉快的感觉。色彩的变化为不同区域创造了不同的个性和特色。

在室内设计中，统一和变化之间需要寻找一个平衡。过度的统一会使空间显得单调乏味，过度的变化会导致不协调感。因此，正确设置色彩基调是确保颜色和谐与一致性的关键。基调是指整个空间所呈现的主要色调或氛围，它可以为整个设计提供一个统一的框架。然而，如果只追求和谐和统一又可能无法达到美观和引人入胜的效果。因此，在室内空间色彩设计中，设计师要将更多的影响因素纳入考虑的范畴，让整个空间既统一又富有变化。

从整体视角来看，大面积的墙面、天花板和地面等可以作为室内家具和装饰品的背景，它们的色彩决定了整个空间的色彩基调，因此它们的颜色应该与其他元素相协调。从局部视角来看，桌布、沙发等又可能会成为花瓶、枕头等物品的背景，它们的颜色也需要与周围环境相呼应。因此，在进行色彩设计时，设计师适当地运用色彩层次、重点与次要、组合与对比、视觉平衡与协调的原则，以创建丰富、统一且视觉上具有吸引力的室内空间。

为了创造出统一且具有多样化效果的室内空间，设计师可以在空间中面积占比大的元素上使用饱和度较低的颜色，过于鲜艳的颜色可能会分散观者的注意力，使整个空间显得杂乱无章。在面积占比小的元素中，我们可以适当提高色彩的明度和饱和度，以增加视觉吸引力和空间活力。这样的设计选择可以吸引观者的目光，并为他们提供更加丰富的视觉体验（图 6-19）。

总之，在室内设计中，设计师要充分考虑色彩的和谐性和多样性，通过对色彩的合理组合与搭配，创造出舒适、自然、和谐的室内空间。

（三）稳定与平衡的体现

色彩的稳定可以通过选择中性色调作为基础色来实现，如白色、灰色、米色等。这些中性色调能够提供一种稳定、平和的背景，使其他色彩更加突出，起到一种衬托的作用。色彩的平衡，是指合理分配色彩的强度和比例，使其保持视觉上的和谐平衡。在选择颜色时，设计师应恰当考虑所选色彩的明度、色相、饱和度。

在室内设计中，稳定与平衡是设计师追求的重要目标，因此，大多数情况下，室内色彩的选择应该是沉着的。这意味着设计师可以更多地使用低明度、低饱和度的色彩以及无彩色系，以创造出一种稳定和平衡的感觉。低明度的色彩可以使空间显得更加沉静和温和，而且，这种选择可以减少刺激性，让人感到舒适和放松。低饱和度的色彩可以减少色彩的鲜艳程度，使整个空间呈现柔和而温暖的氛围。无彩色系，如黑白灰色调，也可以被用来创造出一种简洁而经典的感觉，使空间更加稳定和平衡。

此外，稳定与平衡的体现还可以通过色彩的分布和比例来实现。在一般情况下，我们会采用上轻下重的色彩关系。也就是说，颜色较浅的色调通常会被用于顶棚，颜色较深的色调则会被用于地面。这种色彩搭配可以营造出一种稳定感，使空间显得更加坚实和有序（图 6-20）。然而，需要注意的是，这并不意味着深色的顶棚是不可以的。在特殊情况下，深色的顶棚可以被用来营造出一种独特的氛围或强调特定的区域（图 6-21）。例如，在具有高天花板的空间中，使用深色的顶棚可以营造出一种更加温暖和亲密的氛围。在设计深色顶棚时，需要注意避免让空间显得压抑或过于沉重，可以通过合理的光线设计和其他明亮元素的搭配来平衡整体效果。

（四）韵律感和节奏感的把握

为了在室内设计中体现韵律感和节奏感，色彩的起伏变化应该具有规律性。这意味着我们需要恰当地处理门窗与墙壁、窗帘与周围部件等之间的色彩关系。色彩的韵律感和节奏感可以通过巧妙的色彩选择和布局来实现，为空间增添动态和视觉吸引力。

图 6-19　天涯书局

图 6-20　六合院

图 6-21　北京瑜舍酒店“北”空间

色彩的韵律感可以通过在空间中按照一定的顺序或比例运用一个色彩序列中的颜色来实现，从而创造出视觉上的节奏与和谐，或者将使用的颜色进行重复也可以创造出韵律感，如墙纸、地砖、窗帘等元素中的颜色、图案的重复。色彩的节奏感可以利用颜色的渐变效果来呈现，如从浅色过渡到深色，或从深色过渡到浅色。另外，交替使用不同的颜色也可以产生视觉上的节奏感（图 6-22）。

在处理门窗与墙壁的色彩关系时，设计师可以考虑使用相似或互补的色彩，以形成一种连贯的色彩过渡。例如，如果墙壁采用了柔和的中性色调，设计师可以选择与之相呼应的窗帘颜色，或者使用互补色来增加一些对比效果。这样的处理方式可以使门窗与墙壁之间的色彩关系更加协调，形成一种流畅的视觉过渡。同样地，窗帘与周围部件之间的色彩关系也需要被恰当地处理。设计师可以选择与窗帘相呼应的装饰品或家具颜色，以创造出一种统一的视觉效果。此外，有规律地布置餐桌、沙发、灯具、音响设备等也可以为空间增添韵律感和节奏感。

三、运用材料的本色

材料的本色是室内设计中一个重要的考虑因素，它可以为室内色彩带来自然、清新和丰富的效果。运用材料的本色，是指将材料的天然外观和质地充分利用，不进行过多的改变或处理，以保留其自然特点。这种设计理念符合自然、简约和回归本源的审美趋势，能够营造出质朴、自然的空间氛围。事实上，同一色彩在不同质感的材料上会呈现出截然不同的效果。这种差异性能够让使用者在整体协调的基础上感受到色彩的微妙变化。设计师通过巧妙地选用和搭配不同质感的材料，可以在空间中创造丰富的视觉层次，从而提升空间的整体质感与艺术表现力。

运用材料的本色可以减少人为过度雕琢的痕迹，使色彩关系更加自然美观。例如，在使用原木材料时，可以尽量保留木材的原始颜色、纹理和质感，如橡木、胡桃木等，以营造出原始和质朴的氛围（图 6-23）。在使用石材时，也可以保留其天然的纹理和色彩，为空间增添一份稳重和高贵的感觉。另外，在我国南部地区，如广西、云南和四川等地，人们常常选用竹子作为室内外装饰材料，给人一种清新的格调。竹子的纹理和色彩为室内设计增添一种独特的质感。除了木材、石材和竹子，还有许多其他材料也可以运用其原生状态，如运用原始的混凝土、原始的砖块材料、未经过处理的钢铁等，可以创造出工业风格的空间效果。

图 6-22 苏州钟书阁

运用材料的本色，可以创造出自然、舒适和独特的室内环境，这种设计理念能够展示材料的美感和独特性，在忙碌的生活中带给人们一种回归自然、放松身心的感觉。

四、改善空间形态划分

空间形态与色彩的关系是相辅相成的，它们共同营造了室内环境的氛围。空间形态作为先于色彩设计而确定的基础，为配置色彩提供了依据，而色彩则具有一定的物理效果，能够在一定程度上改变人们对于现有空间尺度与比例的感知，创造出更舒适、和谐的空间环境。

图 6-23 吱音北京店

色彩的明暗对人们感知空间形态具有重要影响。明亮的色彩可以让我们感到空间更加开阔和宽敞，而暗淡的色彩则容易让人感到空间狭小和压抑。因此，我们可以通过选择不同明度的色彩来调节对空间形态大小的感知。色彩的冷暖也对人们感知空间形态有着影响。冷色调，如蓝色、绿色可以带来清凉、宁静的感觉，常用于营造宽敞、开放的空间氛围；暖色调，如红色、黄色，则能带来温暖、亲切的感觉，常用于营造温馨、私密的空间氛围。

在室内设计时，我们除了调整空间的尺度与比例来对空间效果进行改善外，还可以通过色彩的划分实现。以走廊为例，当空间高而短时，我们可以使用不同色彩的墙壁或装饰物来创造出层次感，使空间显得更加流畅和延伸（图 6-24）。当空间低而长时，我们可以使用不同色彩的垂直元素，如柱子、壁画或挂饰，来创造出垂直的视觉效果，使空间显得更加立体和丰富。

五、适配多元文化与气候条件

色彩设计的基本规律是基于多数人的审美要求和习惯感知，通过长期实践和研究总结而来的。然而，不同民族和文化背景的差异让人们对色彩的喜好和使用习惯有所不同，因此，了解和尊重这些习惯对于进行室内色彩设计至关重要。

比如，音乐舞蹈是朝鲜族文化的重要组成部分，因此，在这一文化背景下，他们对色彩的偏好就更青睐于明快的色彩，只有这些明快的色彩才能与他们的文化特点相契合，营造出愉悦和活泼的氛围。受自然环境和文化传统的影响，藏族人在服饰和建筑中更多地采用浓重的颜色和对比色，以展现他们独特的文化传统（图 6-25）。在汉族文化中，红色被视为喜庆和吉祥的象征，因此在室内色彩设计中常常运用红色元素来营造喜庆的氛围。在意大利和法国，人们则偏爱暖色调中更明快的颜色，如黄色和橙色，这与他们的文化和气候环境相契合。非洲人多为黑肤色，他们在服饰和建筑装饰中经常使用黄色和白色，这些色彩能够与他们的肤色相得益彰。美国人倾向于使用蓝色，北欧人则喜欢保留木材的本色，这与他们的文化和环境背景密切相关。

图 6-24　粟上海社区美术馆・愚园

图 6-25　青海藏文化博物馆

另外，气候条件和地理环境对色彩的设计也会起到制约作用。我国南方气候较为湿润，人们经常使用较淡或偏冷的色调来营造清新的氛围。北方气候较为寒冷、干燥，可以多用偏暖的颜色来增加温暖感。当然，即使对于处在同一地区的室内色彩设计，也应根据空间朝向来确定色彩。朝阳的房间可主要采用冷色调，阴面的房间则可使用偏暖的色彩，以增加温暖感。

在室内设计过程中，设计师既要掌握色彩搭配的一般规律，满足空间基本的使用功能，又要考虑不同人种和民族独特的生活习惯、民族文化、地理环境以及气候条件对于色彩选择的影响。只有通过多样化的室内色彩设计，才能够打造出与使用群体文化背景和环境相契合的舒适、和谐的室内空间。

本章习题及答案

第七章　室内家具与陈设

第一节　家具的尺度与分类

家具的尺度与类型在家具设计和选择过程中是重要的考虑因素。家具的尺度，指的是家具的大小和比例。合理的家具尺度设计可以保持家具与空间和其他家具的协调一致。家具的尺度主要由空间大小、功能需求和使用者喜好等因素决定。家具的类型主要指的是按使用功能、材料等进行分类，按不同的分类方法，家具可以分为多种类型。

一、人体工程学与家具的关系

人体工程学与家具设计之间存在密切关系。人体工程学的研究目的是使人与环境、工具、设备或家具之间实现最佳的匹配和互动。在家具设计中，运用人体工程学原则可以确保家具与人体的比例和需求相匹配。因为家具设计最主要的依据是人体尺度，而人体尺度是人体工程学研究最基本的数据，如人体站立的基本高度、手臂张开时最大的活动范围、坐姿时的小腿高度和大腿的长度，以及扶手支撑的高度、腰部支撑的角度等都与家具设计中各项尺寸数据的确定有着密切的关系。因此，学习家具设计，必须了解人体各部位固有的基本尺度。

（一）椅子类家具的设计要素

椅子类家具是人们日常生活中接触最多的一类家具。椅子的基本功能就是为人们坐下时提供支撑，它的结构和形态决定着它的功能和外观。设计师应综合考虑各种因素，根据不同的使用场景进行椅子设计，以确保人们使用椅子时能够得到最大的舒适性。人体坐在不同高度的凳子上，其腰椎活动的测定如图 7-1 所示。从图 7-1 中我们可以看出，座椅高度对人体舒适度和活动度有重要影响。在座高为 400mm 时，人的活动度最高，这意味着座椅高度与人体的自然姿势和活动方式相匹配，从而减少了疲劳感；而略高或略低于 400mm 都会导致活动度下降，这是因为座椅与人体的比例不再处于理想状态。座椅高度的微小变化可能会导致身体姿势的不适，从而增加腰部或其他部位的疲劳感。

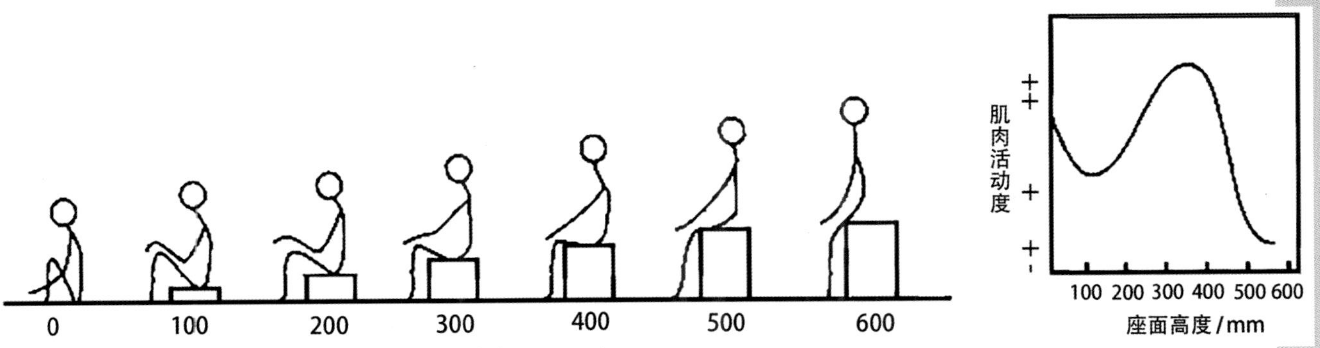

图 7-1　人体腰椎肌肉活动度测定示意图（单位：mm）

（二）柜类家具的设计要素

柜类家具在室内设计中扮演着重要的角色，它们可以用于存放和整理各种物品，包括书籍、衣物、餐具、电器等。柜类家具根据存放类型的不同可以分为鞋柜、衣柜、书柜、陈列柜、电视柜等。设计这类家具时应综合考虑物品的存放需求、特性、材料、使用频率，以及人的行为习惯和空间限制等因素。

1. 柜类家具与人体尺度关系

柜类家具的设计应结合人们日常生活用品的存放习惯、人体操作活动的可能范围，以及物品使用的频率等因素综合考虑。只有将这些因素纳入设计的范畴，家具与人体间的尺度关系才会更加明确。因此，设计师应当将使用频率较高的物品设置在距离地面 600~1800mm 的范围内，这样可以轻松地被拿取、放置或整理，如杯子、碟子、遥控器等。将书籍、文件夹等物品存放在人体上肢的活动范围内可以减少身体的扭转或伸展，从而减少肌肉疲劳。图 7-2 至图 7-4 为不同姿势下人的手臂活动范围。

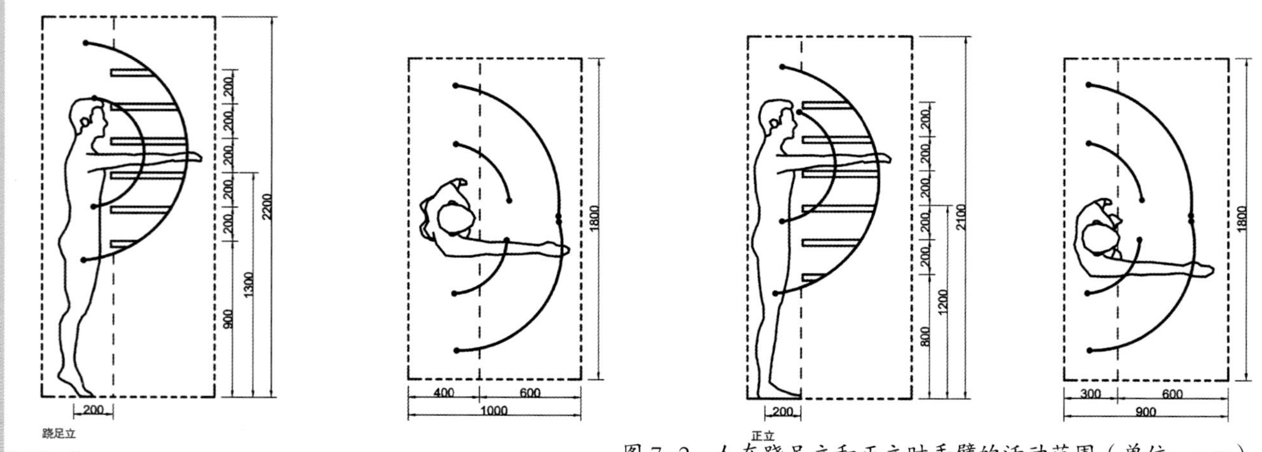

图 7-2　人在踮足立和正立时手臂的活动范围（单位：mm）

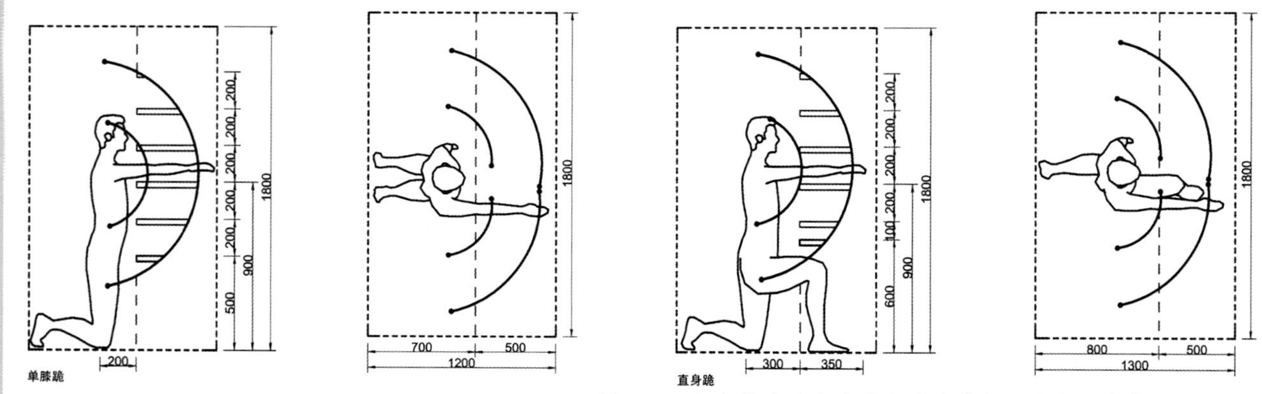

图 7-3　人在单膝跪和直身跪时手臂的活动范围（单位：mm）

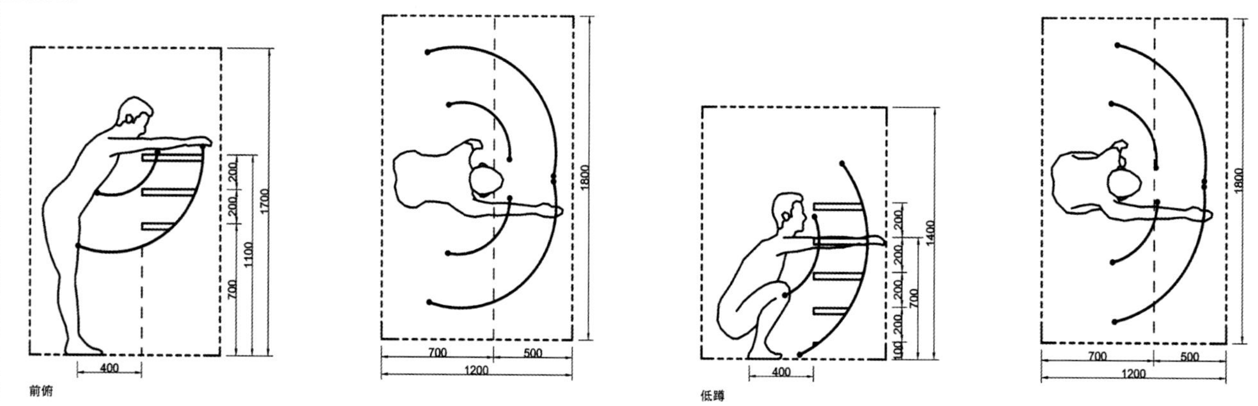

图 7-4　人在前俯和低蹲时手臂的活动范围（单位：mm）

2. 柜类家具与物品放置关系

在设计柜类家具时设计师首先要考虑基本的储物需求，在合理的功能设计的基础上尽可能提升柜子外观的视觉美感。其次，要详细了解未来柜子将要存储的物品的尺寸，因为不同类型的物品，如书籍、文件、餐具、衣物等具有不同的尺寸和形状。这些尺寸应成为柜类家具设计的出发点，设计师由此来确定柜子的宽、高、深，以及柜子的内部分隔，设计时应最大限度地优化内部空间，提高空间利用率。

一般情况下，柜子内部的高度可以分隔为三个部分：0~600mm 的空间内可以放置不常使用的物件，如换季的衣物等；600~1800mm 的空间内，可以放置常用的物件，如当季的衣物、配饰等；1800~2400mm 的空间内可以放置行李箱、被褥和不常用的物件等。柜子内部的深度可以分隔为四个部分：深度 160mm 放置酒具、茶具、衬衣、袜子等；深度 280mm 放置期刊、唱片机、器皿等；深度 450mm 放置拎包、大件衣服、被褥等；深度 600mm 适合作为各种大型物品的储藏。

二、家具设计的基本尺度与分类方式

家具设计，通常需要考虑人体尺度、空间尺度、功能性尺度、存放物品尺度等。人体尺度，是指人体工程学所提供的人体数据，这确保了家具的舒适性和可用性，如椅子的座位高度、桌子的高度等应根据人体尺度来确定。空间尺度，是指室内空间的尺寸和布局，不同大小、不同功能的空间需要不同尺寸的家具，以确保它们适应空间并提供足够的通行空间。功能性尺度，是指家具的尺寸应根据其特定功能来确定，如一张餐桌的尺寸需要足够容纳其所需的座位。存放物品尺度，是指某些家具需要根据其存放物品的尺度来设计，如书架的架子高度和宽度、电视柜的媒体设备空间等。

家具的分类方式有很多种。按功能分类，家具可以分为卧室家具、客厅家具、餐厅家具、书房家具等。按风格分类，家具可以分为现代风格、欧式风格、美式风格、中式风格等。按材料分类，家具可以分为木质家具、金属家具、玻璃家具、塑料家具等。按结构分类，家具可以分为固定式家具、折叠式家具、组合式家具等。按使用场合分类，家具可以分为家用家具和公共空间家具。这些只是一些常见的分类，实际上家具可以根据用途和设计风格等因素进行更多的分类。

第二节　家具的选择与布置

一、家具布置与空间的关系

巧妙的家具布置不仅可提升空间的美观度，还能使家具在特定空间中充分发挥其功能。反之，家具布置混乱，不仅影响空间的整体效果，而且直接影响使用者的日常生活。家具的风格、材质和颜色都对空间的氛围和美感产生深远影响。一个精心设计的客厅可能包括柔软的沙发、咖啡桌、书架和装饰品，这些元素共同营造出一个舒适、适合社交和娱乐的氛围。然而，如果家具过于拥挤或不协调，可能导致空间感的混乱。因此，在布置家具时，要充分考虑空间的比例、流畅性和通道，以确保家具充分发挥其功能，同时不妨碍使用者的日常生活。总之，巧妙的家具布置是室内设计的重要组成部分，可以提高空间的美感和实用性，同时确保家具在特定的空间中能够发挥最大的功能。

设计师在布置家具时，要遵循以下基本原则：

（1）根据空间的功能与特性，选择合适的家具类型和数量；

（2）以家具的单一性或多样性，明确家具布局范围，实现合理的功能分区；

（3）组织好活动空间和交通路线，确保功能分区清晰可见；

（4）区分主体家具和从属家具，使它们相互配合，主次分明；

（5）安排组织好空间形式和家具的组团，确保它们排列有序；

（6）考虑室内空间的形象和景观，使家具布局具有规律性、秩序性、表现性，给人以良好的视觉效果和正向的心理效应。

二、家具布置的基本方法

从室内空间的位置上来区分，家具在室内的布置有下列几种类型：

（一）周边式

在房间的四周墙壁上放置家具，以保证空间的间距，达到空间相对集中、易于组织交通的效果；为举行其他活动提供较大的面积，便于布置中心陈设。这种布置方式在增加空间功能性的同时，丰富了陈设装饰（图 7-5）。

（二）中心式

将家具布置在空间中央，给周围留些空隙以突出家具的重要性，并将室内空间的交通流线在四周展开，保证了中心区不受影响。这类家具主要包括功能性家具，如沙发、餐桌、床等。它们通常位于空间的核心区域，用以支持主要活动，如休息、用餐和睡眠（图 7-6）。

（三）单边式

将家具集中在一侧，留出另一侧空间，使工作区和交通区泾渭分明，功能分区明确，干扰小，形成线形交通。当交通流线布置在房间短边一侧时，交通面积最为节约（图 7-7）。

家具除实用性外，还与调节室内空间、组织室内交通、营造空间气氛密切相关。设计师应当根据不同的设计对象、不同条件、不同家具，因地制宜进行家具布置，以实现空间活动和家具之间的协调，确保空间的主次分明。综合而言，室内家具的布局是室内设计的关键因素之一，合理布局可以为空间创造出和谐、宜居和令人愉悦的环境，如此才能真正发挥家具在空间中的作用。

图 7-5　周边式家具布局

图 7-6　中心式家具布局

图 7-7　单边式家具布局

第三节　陈设的类型与布置

一、室内陈设的布置原则

空间陈设，是指在室内或室外环境中安排和展示装饰物品、家具、艺术品和其他装饰元素，以增强空间的美感、个性和氛围。这一过程的目的是通过选择、布置和组合各种物品，改善空间的外观和感觉，以满足特定的设计需求或实际用途。室内陈设的布置需要遵循以下基本原则：

（一）功能性原则

功能性原则是室内陈设首先要考虑的，任何事物如果抛开其实用功能去谈其他，那实际上都是不合理的。只有使用功能得到了满足，才可能考虑陈设的其他作用。例如，在客厅中，选择一张沙发和咖啡桌，以提供一个舒适的休息区；在餐厅中，选择一张餐桌和椅子，以容纳家庭成员或客人用餐。

（二）协调统一原则

陈设的选择与布置，要与室内主体设计和整体环境协调一致，要从材质、色彩、造型等多个方面进行考虑，为营造室内主题氛围而服务。在简约风格的卧室中，可选择白色和木质元素的组合，家具和装饰物的颜色应保持一致。在传统风格的餐厅中，使用相同风格的椅子和桌子，并选择相似颜色和图案的餐具。

（三）比例原则

陈设的尺度，要考虑人体工程学方面的因素，在此基础上还要与室内空间大小形成良好的比例关系。根据空间大小确定陈设装饰的尺度，不宜过大，也不宜太小，要均衡视觉效果。例如，在小型客厅中选择适当比例的小型家具，以避免空间看起来拥挤；在宽敞的用餐区选用较大的餐桌和宽背椅子，以填充空间。

（四）空间层次原则

陈设的陈列、布置应主次得当，从而丰富室内空间的层次感。在摆放过程中要注意区分主次陈设，使主要陈设与其他构成室内环境的元素形成视觉中心，而使次要陈设处于辅助地位，产生井井有条的空间效果，提升空间的层次感。例如，在客厅中放置一张沙发在前景，将一些书架和装饰物放在中景，一幅大型艺术画作为背景；在卧室中将床放置在前景，将梳妆台和镜子放在中景，将墙上的装饰画作为背景。

（五）个性原则

两个完全相同的空间，由于陈设装饰多样性以及因人而异的摆放方式，往往有很大的差别。我们可以充分地利用这个原则来体现自己的职业特征、个人喜好以及文化背景等。例如，在客厅中展示个人照片、家庭收藏品和旅行纪念品，以反映业主的个性和兴趣；在书房中摆放一些个人书籍和艺术品，以表现个人品位和情感。

（六）流通原则

室内陈设布置必须确保通道和畅通，以保证人们在空间内自由行动。通道和通道的宽度和位置应根据空间用途需求合理规划，以避免家具的阻碍。这有助于创造一个宜居、实用和安全的室内环境。例如，在厨房中，确保厨房岛台的位置不会阻碍人们在烹饪时自由移动；在走廊中，保留足够的空间，以确保通道畅通，不受阻碍。

（七）质量原则

高品质的家具和装饰物品不仅能提升室内环境的质感，而且它们的使用寿命也更长。在挑选室内陈设时，需重视材料的耐久性，确保它们能抵御日常磨损。易清洁性也至关重要，特别是在家庭中，其清洁和维护应尽可能方便。此外，还要考虑家具材质对环境的影响，应选择经过良好管理的木材、环保涂料和可回收材料制作的家具。

二、室内陈设类型的选择

室内陈设的类型比较多，按陈设品的性质大致可以分为两类：一类是实用性的陈设，另一类是装饰性的陈设。实用性的陈设有家具、纺物、家电、灯具、器皿等，它们在功能性质上的意义要大于装饰性。装饰性的陈设有书法字画、摄影、雕塑、手工艺品、动植物及花卉等，它们通常不具备实际功能，而主要用于提供装饰性和艺术性，以丰富室内环境的氛围和个性。在室内设计中，这两种类型的陈设品常常相互结合，以创造出既实用又具有个性和美感的空间。这种平衡有助于定制和美化室内环境，使其更富吸引力和实用性。

第四节　家具与陈设在环境中的作用

一、明确使用功能，识别空间性质

家具陈设在室内设计中担当着重要角色，它不仅能够装点空间，还能够将空间划分为不同的功能区域，使每个空间都有其独特的用途和氛围。

（一）家具属性明确空间性质

在室内设计中，家具的选择和布置扮演定义空间用途的重要角色。不同类型的家具能够明确表明一个空间的具体用途。例如，当我们看到卧室中的床、衣柜和床头柜时，就立刻知道这是一个用于休息和睡眠的区域。当我们步入厨房，看到炉灶、台面和餐桌时，就明白这个空间的主要用途是烹饪和用餐。这一点非常关键，因为它可帮助人们在室内环境中快速地识别和理解每个空间的功能性质，使其更具实用性。

（二）家具用途界定空间边界

家具还可以用来界定和划分空间的边界，使其更加明确和整洁。在开放式居住空间中放置沙发、咖啡桌和书架，可以清晰地定义客厅区域，从而使其与其他空间分隔开。这种界定边界的方法不仅有助于组织空间，还能够给人提供一种视觉和心理上的隔离感，从而达到界定空间的作用。

二、利用空间，组织空间

家具是室内空间的重要组织部分，通过合理的选择和布局，可以优化空间的组织性、功能性与美感，创造出一个满足需求的宜居环境。

（一）扩大空间存储

家具提供了存储和组织物品的空间，如书架、衣柜和橱柜等可以用于储存书籍、衣物、餐具等物品（图7-8）。如此，不仅可以保持空间整洁，而且可以使我们第一时间清楚知晓物品的摆放位置。

（二）视觉秩序合理化

家具的布局和排列能够更好地组织室内的视觉秩序，使得整体空间观感更加简洁有序（图 7-9）。例如，将家具沿墙摆放，创造出清晰的通道和开放的区域则有助于达到空间使用最大化。

（三）提供舒适感和保护隐私

家具可以给人提供舒适的休息场所，增加空间的宜居性。此外，隐私屏风、窗帘和隔断等家具可以创造私人空间，使人们在需要时享有更多隐私（图 7-10）。

（四）通过家具改善空间平衡性

家具的大小和布局可以影响空间的比例和平衡。合适的家具可以使空间看起来更协调和比例适中。例如，在宽敞的客厅中，大型沙发可以平衡空间，而小型房间中的紧凑家具可以确保空间不显得拥挤。

（五）提升家具功能性以适应空间用途

提高家具自身延展性、丰富家具的功能性，从而利用空间。多功能家具（如折叠桌、沙发床和可扩展餐桌）可以在有限的空间中提供多种功能，增加了空间的灵活性和可用性。

三、建立情调，创造氛围

设计师对家具的设计、颜色、布局和功能等因素的合理把握，有助于情感的表达和氛围的营造，使空间变得舒适、美观、个性化，满足人们的审美需求，提高情感体验，并为居住者提供愉悦的生活环境。因此，在室内设计中，家具选择和布置极其重要。

（一）家具风格与主题

同类型的家具可以反映不同的设计风格和主题。例如，古典家具可以创造出传统和典雅的氛围，现代家具则强调简约和时尚。家具的选择可以帮助确定室内环境的整体风格，影响人们的情绪和情感。

图 7-8　厨房隐藏式收纳空间

图 7-9　客厅布局

图 7-10　金属屏风

（二）家具色彩及其材质

家具的颜色和材质会对空间氛围产生深远影响（图 7-11）。温暖的木材家具可以营造温馨的氛围，而明亮的色彩可以增加空间的活力。不同的颜色和材质可以激发出人的不同情感和情绪。

（三）家具陈设布局与摆放

家具的布局和摆放方式对营造空间氛围至关重要，合理的家具布置可以创造出开放、舒适或正式的氛围。家具的摆放方式可以影响空间的流畅感和亲近感。

（四）家具舒适性与功能性

舒适的家具可以提高人们的满意度，营造出宜居的氛围，并满足使用者的需求。

（五）家具个性化设计和情感表达

人们通过选择和装饰家具，可以表达自己的个性、兴趣和价值观（图 7-12）。家具上的个人照片、收藏品和装饰物品可以赋予空间情感和个性，营造出温馨的氛围。

图 7-11　北欧风格卧室

图 7-12　个性化空间表达

本章习题及答案

第八章　人体工程学与室内设计

第一节　人体工程学的含义与发展

在室内设计中，人体工程学为其提供了更加科学的设计思考，帮助设计师更为妥善地设计出人们的理想空间。

一、人体工程学的含义

人体工程学又称人机工程学，是一门以科学方法研究“人—机—环境”系统中各要素之间的关系，为解决该系统中的问题而提供理论与方法的学科。其中，“人”是指使用者，关注人的心理特征、生理特征等；“机”是指机器，包括人操作和使用的一切产品和工程系统；“环境”则指人类生活的环境，包括自然环境、心理环境等。人体工程学涵盖了六个分支学科，包括人体测量学、生物力学、劳动生理学、环境生理学、工程心理学，以及时间与工作研究学。这种跨学科的性质使人体工程学涉及的学科知识是多方面的、综合性的。

在室内设计中，人体工程学的应用打破了传统的“以物为中心”的设计理念，强调“以人为本”的设计思想，认为设计实践应该以人的各类需求为主要目标来进行。人体工程学的核心理念是运用科学的方法论，以人类身体为研究对象，对工作环境和设施进行精细化设计和优化，从而使人体在活动中能最大限度地适应并融入环境。因此，人们需要深入研究和理解人类的身体构造与动作模式，以及工作环境对人体的各种影响，从而设计出理想的工作环境和设施，人与环境、设施之间的关系如图 8-1 所示。这样的学科特点使人体工程学在室内设计领域得到了快速发展和广泛应用。

总之，人体工程学是一门高度关注人类身体与工作环境之间关系的学科。目前，人体工程学与多学科进行了交叉融合，目标是通过设计和优化人类的工作环境与设施提升人类的工作效率、舒适度和健康水平。

二、人体工程学发展历程

人体工程学经历了三个阶段的发展过程：

（一）经验人体工程学阶段

经验人体工程学阶段出现于 20 世纪初，当时，一些先驱人物提出了“人体工程学”的概念，并将其明确定义为“研究人类身体及其与周围环境相互作用的科学”。这一阶段，人们主要进行了大量的实验性研究，并对相关研究方法，以及测量的数据进行深入探讨和总结概括。

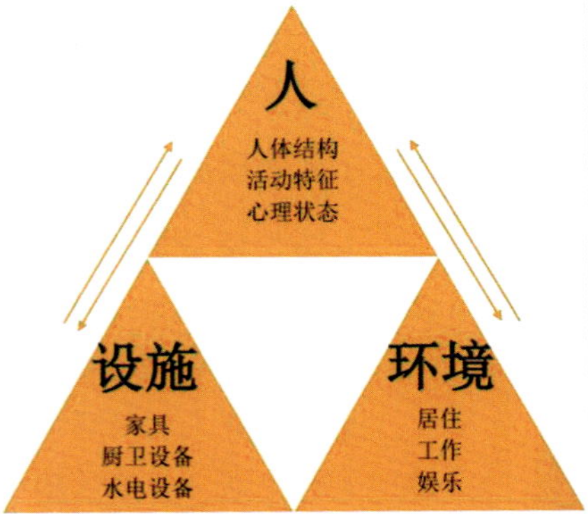

图 8-1　人与环境、设施之间的关系

（二）科学人体工程学阶段

科学人体工程学阶段开始于第二次世界大战并持续到 20 世纪 50 年代末。在这个阶段，人体工程学主要应用于科学技术方面，并一直在军事方面得到广泛应用。虽然在这个阶段的应用领域相对狭窄，但是人体工程学得到了初步发展和完善。

（三）现代人体工程学阶段

自 20 世纪 60 年代至今，人体工程学进入了现代人体工程学阶段。这个阶段的特点是人体工程学逐渐渗透到其他领域，应用范围逐步扩大。随着工业化和城市化的发展，人们开始关注和理解环境对人类健康以及幸福感的影响，这也进一步促进了人体工程学的发展。许多高校开设了人体工程学课程，提高学生对人体工程学的认知，加强人体工程学同各学科领域的融合。

在这期间，人体工程学开始深入研究人类身体结构和运动方式，以及环境和设备对人类身体的影响。人体工程学的研究者也开始关注人类心理方面的问题，并将其纳入人体工程学的研究范畴。进入 21 世纪，随着科学技术的不断发展和人们对健康美好生活的追求，人体工程学也在不断引入新的科学技术和方法，为人类工作环境和设备的改善提供科学依据。

现在，人体工程学已成为一个广泛的学科领域，对人们的健康、体验感，以及生产力产生了深远的影响。设计实践也在人体工程学理论影响下飞速发展，这对于提升人类居住环境、设施舒适度具有重要的意义。

第二节　人体工程学的基础数据与计测方法

作为一门学科，人体工程学有其完整的计测方法，通过这些方法得出的人体基础数据能够帮助设计师去理解人在各类环境中的反应，从而更好地去解决设计实践中出现的问题。

一、人体工程学的基础数据

在室内设计中，人、室内环境和设施之间的关系非常密切，要想协调好这三者之间的关系，就必须依赖人体工程学中关于人体的基础数据，这些基础数据主要分为人体构造、人体尺度、人体动作域三个方面。

（一）人体构造的基础数据

人体构造的基础数据，是指运动系统中的骨骼、关节和肌肉等的相关数据，在神经系统支配下，人体的这些部分会完成一系列的运动。骨骼由颅骨、躯干骨、四肢骨三部分组成，脊柱可帮助人体完成多种运动，是人体的支柱，肌肉中的骨骼肌受神经系统指挥做出收缩或舒张反应，使人体各部分协调动作。人体的这些构造和比例关系（图 8-2）对工具和环境的设计至关重要。

（二）人体尺度的基础数据

人体尺度主要以人体构造的基本尺寸为依据，主要指人体的静态尺寸，包括人体的身高、体重、体长、臂长、腿长等数据。这些数据揭示了人体结构的基本特征，可为设计师提供重要参考数据，比如确定适合人类使用的家具的尺寸。图 8-3 至图 8-7 为人体各角度的基本尺寸数据。

通过研究人体对环境中各种物理因素的反应和适应能力，分析环境因素对人体生理及心理的影响，确定人在生活、生产活动中所处的各种环境的舒适范围和安全限度。

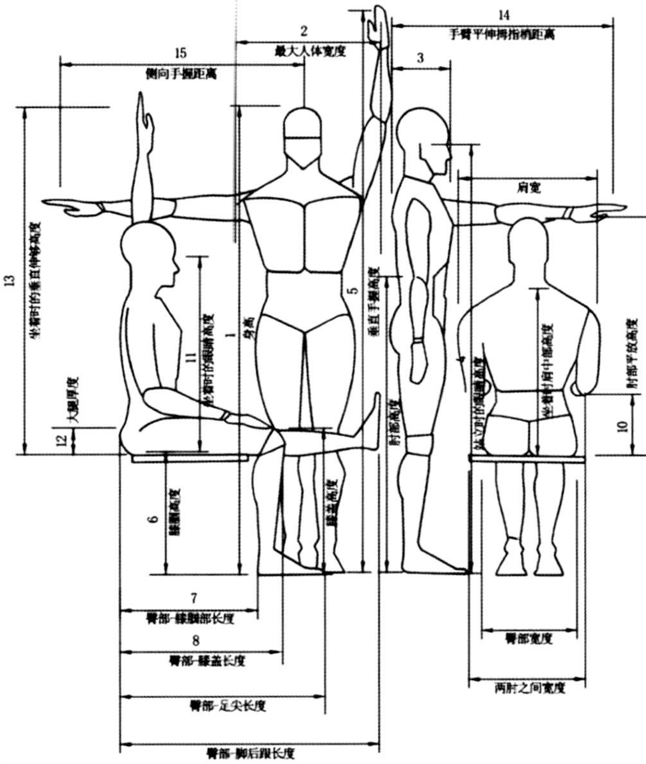

图 8-2　人体主要姿态及比例关系

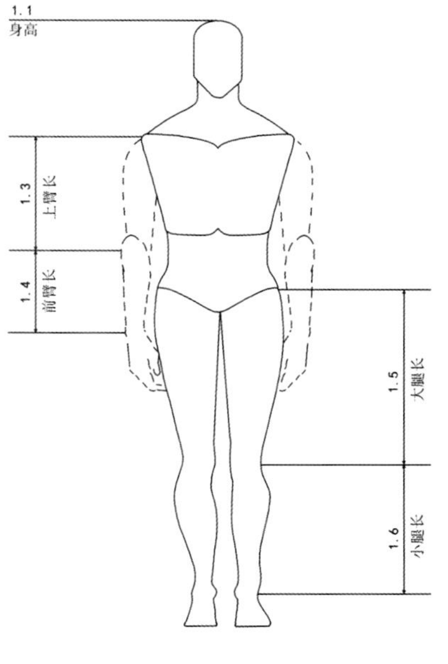

年龄分组 百分位数 测量项目	男（16—60岁）							女（18—55岁）						
	1	5	10	50	90	95	99	1	5	10	50	90	95	99
1.1身高	1543	1583	1604	1678	1754	1775	1841	1449	1484	1503	1570	1640	1659	1697
1.2体重\kg	44	48	50	59	71	75	83	39	42	44	52	63	66	74
1.3上臂长	279	289	294	313	333	338	349	252	262	267	284	303	308	319
1.4前臂长	206	216	220	237	253	258	268	185	193	198	213	229	234	242
1.5大腿长	413	428	436	465	496	505	523	387	402	410	438	467	467	494
1.6小腿长	324	338	344	369	396	403	419	300	313	319	344	307	376	390

图 8-3　人体主要尺寸（单位：mm）

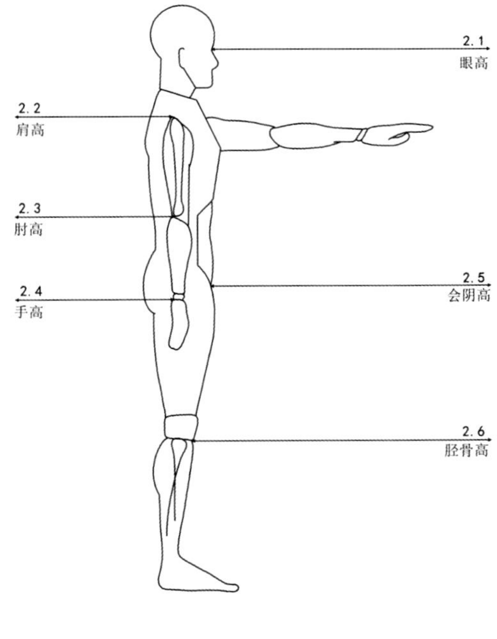

年龄分组 百分位数 测量项目	男（18—60岁）							女（18—55岁）						
	1	5	10	50	90	95	99	1	5	10	50	90	95	99
2.1　眼高	1436	1474	1495	1568	1643	1664	1705	1337	1371	1388	1454	1522	1541	1579
2.2　肩高	1244	1281	1299	1367	1435	1455	1494	1166	1195	1211	1271	1333	1350	1385
2.3　肘高	925	954	968	1024	1079	1079	899	873	899	913	960	1009	1023	1050
2.4　手高	656	680	693	741	787	787	650	630	650	662	704	746	757	778
2.5会阴高	701	728	741	790	840	840	673	648	673	686	732	779	792	819
2.6胫骨高	394	409	417	444	472	472	377	363	377	384	410	437	444	459

图 8-4　立姿人体尺寸（单位：mm）

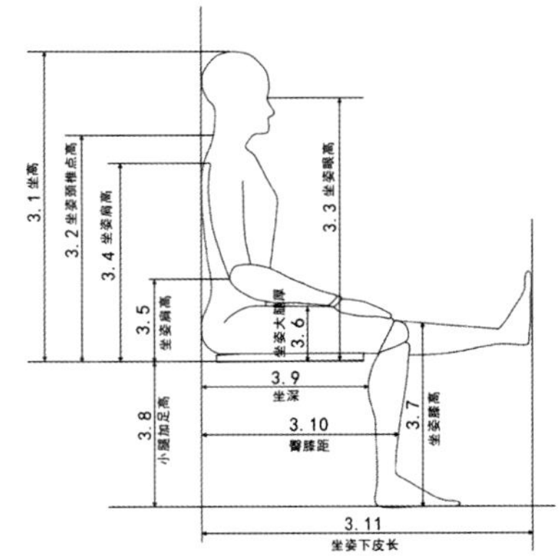

年龄分组 百分位数 测量项目	男（18—60岁）							女（18—55岁）						
	1	5	10	50	90	95	99	1	5	10	50	90	95	99
3.1坐高	836	858	870	908	947	958	979	789	809	819	855	891	901	920
3.2坐姿颈椎点高	599	615	624	657	691	701	719	563	579	587	617	648	657	675
3.3坐姿眼高	729	749	761	798	836	847	868	678	695	704	739	773	783	803
3.4坐姿肩高	539	557	566	598	631	641	659	504	518	526	556	585	594	609
3.5坐姿肘高	214	228	235	263	291	298	321	201	215	223	251	277	284	299
3.6坐姿大腿厚	103	112	116	130	146	151	160	107	113	117	130	146	151	160
3.7坐姿膝高	441	456	464	493	523	532	549	410	424	431	458	485	493	507
3.8小腿加足高	372	383	389	413	439	448	463	331	342	350	382	399	405	417
3.9 坐深	407	421	429	457	486	494	510	388	401	408	433	461	469	485
3.10 臀膝距	499	515	524	554	585	595	613	481	495	502	529	561	570	587
3.11坐姿下皮长	892	921	937	992	1046	1063	1096	826	851	865	912	960	975	1005

图 8-5　坐姿人体尺寸（单位：mm）

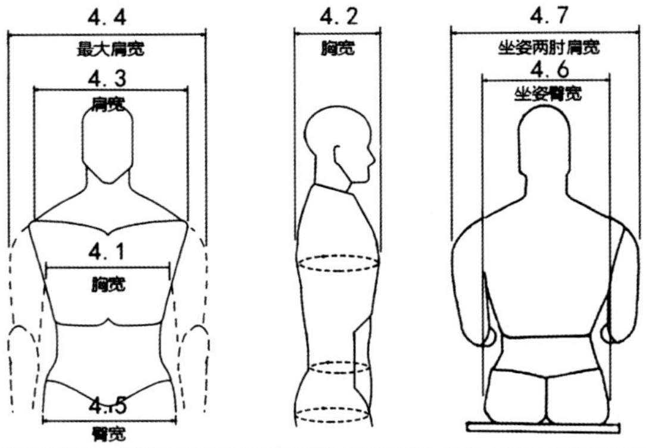

人体水平尺寸

年龄分组	男（16—60岁）							女（18—55岁）						
百分位数 测量项目	1	5	10	50	90	95	99	1	5	10	50	90	95	99
4.1 胸宽	242	253	259	280	307	315	331	219	233	239	260	286	299	319
4.2 胸厚	176	186	191	212	237	245	261	159	170	176	199	230	239	260
4.3 肩宽	330	344	351	375	397	403	415	304	320	328	351	371	377	387
4.4 最大肩宽	383	398	405	431	460	469	486	347	363	371	397	428	438	458
4.5 臀宽	273	282	288	306	327	334	346	275	290	296	317	340	346	360
4.6 坐姿臀宽	284	295	300	321	347	355	369	295	310	318	344	374	382	400
4.7 坐姿两肘肩宽	353	371	381	422	473	489	518	326	348	360	404	460	478	509
4.8 胸围	762	791	806	867	944	970	1018	717	745	760	825	919	949	1005
4.9 腰围	620	650	665	735	859	895	960	622	659	680	772	904	950	1025
4.10 臀围	780	805	820	875	948	970	1009	795	824	840	900	975	1000	1014

图 8-6　人体水平尺寸（单位：mm）

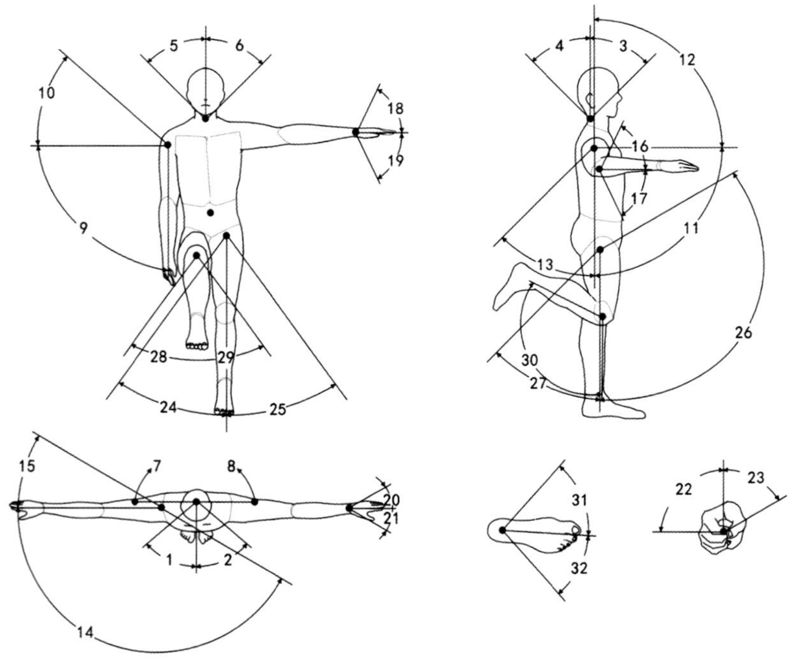

身体部位	移动关节	动作方向	动作角度	
			编号	/°
头	脊柱	向右转	1	55
		向左转	2	55
		屈曲	3	40
		极度伸展	4	50
		向一侧弯曲	5	40
		向一侧弯曲	6	40
肩胛骨	脊柱	向右转	7	40
		向左转	8	40
臂	肩关节	外展	9	90
		抬高	10	40
		屈曲	11	90
		向前抬高	12	90
		极度伸展	13	45

图 8-7　人体各部位角度的活动范围

（三）人体动作域的基础数据

人体动作域，指的是人们在室内各种工作和生活活动范围的大小，这个范围是确定室内空间尺度的重要依据。以各种依靠记忆测量的方法测定的人体动作域，也是人体工程学研究的基础数据。人体动作域的尺度是动态的，与人的活动情境状态有关。理解和利用这些尺度可以帮助设计者更好地协调人与周围环境的关系，并优化产品设计。在室内设计中，家具的具体尺寸的选用应考虑在不同空间与围护的状态下，大多数人动作和活动的安全。如图 8-8 所示，在睡眠人数和床宽尺寸的相互关系中就考虑了人体动作域的尺寸。

对门洞高度、楼梯通行净高、栏杆扶手高度等，应取男性平均人体高度的上限，并适当加以人体动态时的余量进行设计；对踏步高度、上搁板或挂钩高度等，应按女性人体的平均高度进行设计。图 8-9 所示为人体同柜台尺寸之间的关系。

人体双手关联的动作活动范围（图 8-10）与桌面宽度和进深尺寸之间也存在关系。因此，设计桌面宽度时，应该考虑使用者的双手活动范围，确保双手可以在舒适的情况下进行操作。另外，桌面进深过小或过大，都会使使用者的手臂和手掌因过度伸展而感到疲劳和阻挡，桌面进深尺寸设计也应符合人体工程学原理，以提供最佳的使用体验。一般来说，桌面的进深尺寸以大于 500mm、小于 800mm 为宜。

此外，人体感觉和运动特征也是人体工程学研究的重要依据，如人们对光、声、温度、触觉等环境刺激的敏感度和反应，以及身体对不同类型运动的适应能力等。总的来说，人体工程学的基础数据可以为环境设计师提供重要的参考依据，从而帮助设计师创造出更加符合人体生理和心理需求的居住和工作环境。

二、人体工程学的计测方法

人体工程学的计测方法主要分为人体生理计测和人体心理计测，人体生理计测主要是观测人体在活动时，生理状态发生变化的数据；人体心理计测则主要探究人在面对不同环境时的心理活动和行为现象。

（一）人体生理计测

人体生理计测需要借助专门的测定仪器和技术进行，以便科学且客观地解析个体在活动过程中的能量消耗及负荷程度（图 8-11）。

人体生理计测技术主要包括以下几种：

（1）肌电图法：这种方法主要是通过记录人体在进行活动时肌肉的收缩与扩张状态，将数据以电流图的形式展现，从而定量化地确定个体在进行活动时的强度及心理负荷程度。

（2）能量代谢率测定法：这种方

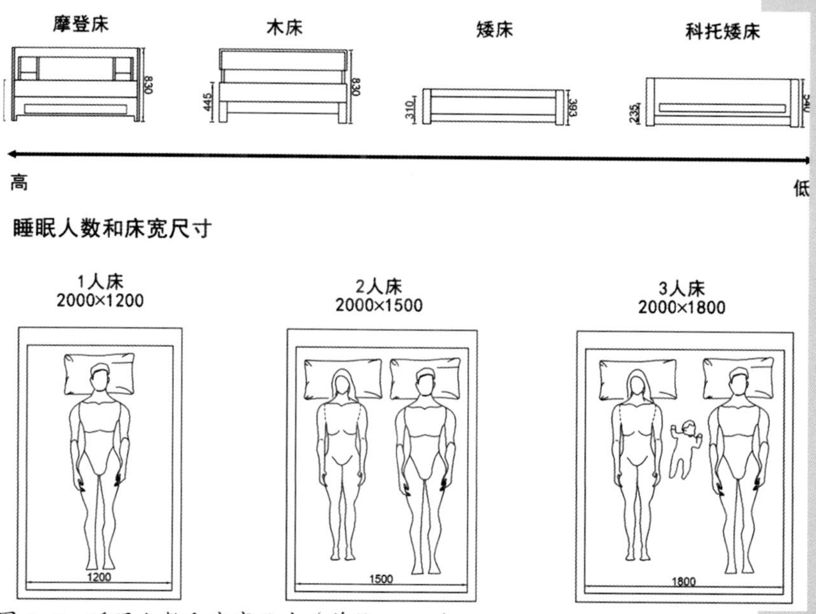

图 8-8　睡眠人数和床宽尺寸（单位：mm）

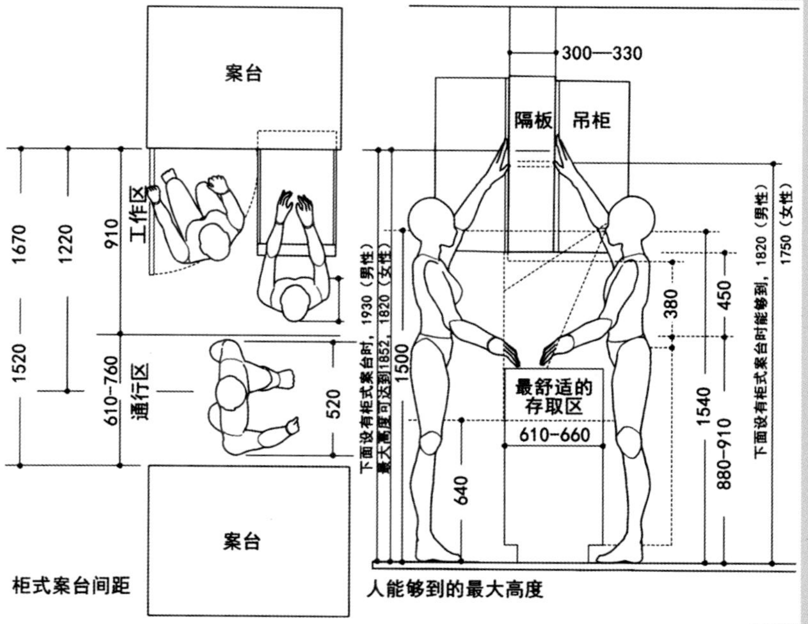

图 8-9　人体同柜台尺寸之间的关系（单位：mm）

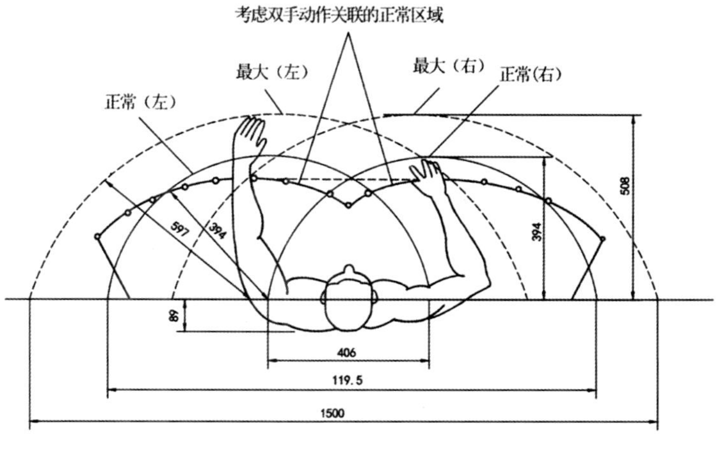

图 8-10　人体双手关联的动作活动范围（单位：mm）

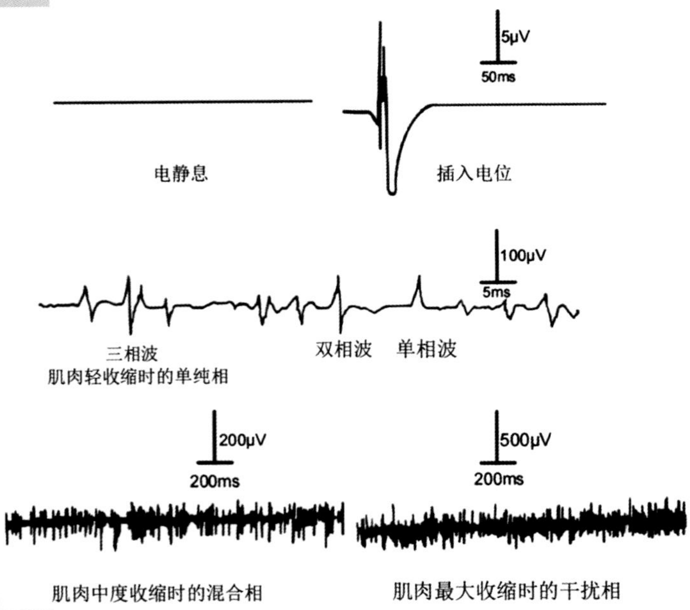

图 8-11　人体生理计测的数据图

法是以人体在活动过程中的能量代谢率来衡量活动强度的。人体在进行活动时会消耗能量并引起耗氧量的相应增加，通过对比个体在进行活动时的耗氧量与日常平静状态下的耗氧量，便可以测定身体活动的强度。

（3）精神反射电流法：这种方法是通过测量个体在进行活动时排出的汗液量来间接了解个体的心理压力或者情绪状态的，其不能直接反映个体身体活动的强度或者负荷。

（二）人体心理计测

人体心理计测是心理学领域的一种研究方法，在室内设计领域，人们将其用于探究和描述人在室内环境中的心理现象与行为反应。此研究方法包括精神物理学测量法和尺度法等。

（1）精神物理学测量法：运用物理学理论及技术，对人体在室内环境中的感官刺激进行客观测量，如光线、色彩、声音、温度等对人的影响。这种方法可以帮助设计师更深入地理解人在室内环境中的感知、反应。

（2）尺度法：在心理学领域设定有序的度量标准，如对室内空间的大小、形状、色彩、材料等元素进行评估和排列，并赋予相应的评语，从而使我们对这些元素的理解和评价更加客观和全面。这种方法在室内设计中应用广泛，既可由专业的设计师执行，也可由普通的用户参与。

第三节　人体工程学在室内设计中的应用

在室内设计领域，人体工程学通过研究人类与环境之间的相互作用，结合工程学原理，为室内空间的布局、家具的设计等提供指导，从而创造出符合人体工程学原则的室内环境。这样的室内设计能够最大程度地满足用户的需求，提高用户体验感和舒适度。

一、人体感觉器官在室内设计中的应用

人体感觉器官在室内设计中的应用十分广泛，包括视觉、听觉、嗅觉和触觉等，它们分别对应着室内设计中的色彩、声音、气味和质感等要素。室内设计师可以运用这些要素来创造出符合人体感觉需求和偏好的空间，从而提高空间的舒适度、美感和功能性。

（一）对室内视野的应用

视野在室内设计中是一个重要的因素，它能够直接影响用户对室内空间的感知和体验。例如，在汽车驾驶室和各种控制室等场所，人们需要同时关注外部环境和内部仪表，因此显示器的位置就要考虑到人的视野范围和效率，并且根据显示内容的重要性和使用频率进行合理的布局，使主视野内能够显示出需要精细辨认的信息，而余视野内能够显示出一些提示或警告性的信息。

在室内设计中常用的视野参考数值（图 8-12）为：

（1）3° 以内是人眼的中央区域，也是最清晰和敏感的区域，适合放置重要的物体或者景观；

（2）2°～40° 的视角是人眼的舒适区域，是人眼能够有效感知和处理信息的区域，适合放置一般的物体或者景观；

（3）40°～60° 的视角是人眼的边缘区域，能够感知运动和形状，适合放置次要的物体和景观；

（4）80° 之外是人眼的极限视域，人眼几乎无法感知细节和颜色，因此不适合设置摆件。

（二）对室内视觉的应用

室内视觉应用，是指在室内设计中，设计师根据人眼的视觉特性和需求，合理地运用照明、色彩、形态等视觉元素，以达到安全、舒适、美观的目的。具体来说，人体工程学可以从视觉舒适度、视觉功能性、视觉美感三个方面来指导室内视觉的应用。

人眼的视力、视野、光觉、色觉等是影响视觉舒适度的重要因素。设计师可以通过人体工程学的试验数据，确定室内照明、色彩、视野范围等的标准。例如，当人们从明亮的户外进入昏暗的室内空间时，会出现视觉适应的问题。因此，在室内设计时需要有合理的照明设计。人工照明是室内环境中不可或缺的光源，它能够弥补自然光的不足，也能够创造出不同的氛围和情绪（图 8-13）。

人眼在不同的活动场景下有不同的视觉需求，设计师可以根据这些需求，为不同功能区域的室内设计提供合理的建议和规范。例如，在书房或办公室等需要集中注意力和提高效率的空间中，可以采用明亮而冷色调的照明和色彩，以增强视觉清晰度和警觉度；而在卧室或客厅等需要放松和休息的空间中，可以采用柔和而暖色调的照明和色彩，以降低视觉刺激和压力。在餐厅或酒吧等娱乐场所，色彩的搭配需要给人营造出一个明快、活泼和刺激的氛围，可以选择一些高纯度、高明度和暖色调的色彩对墙纸或家具进行装饰，如红色、黄色、橙色（图 8-14）等。另外，白色能够使房间的空间看起来更加宽大，但是这种装饰不适用于抑郁症患者，因为白色可能会加剧他们的孤独感和空虚感。因此，在使用白色时要注意与其他颜色进行平衡，并增加一些温暖或明亮的元素。

人眼对美的感知是主观和多元的，但也有一些客观和普遍的规律和原则，人体工程学可以借鉴这些规律和原则，为室内设计提供美学上的参考和启发。例如，根据人眼对比例、对称、节奏、平衡等美学元素的偏好，可以在室内设计中运用这些元素，以增加视觉韵律和层次；根据人眼对

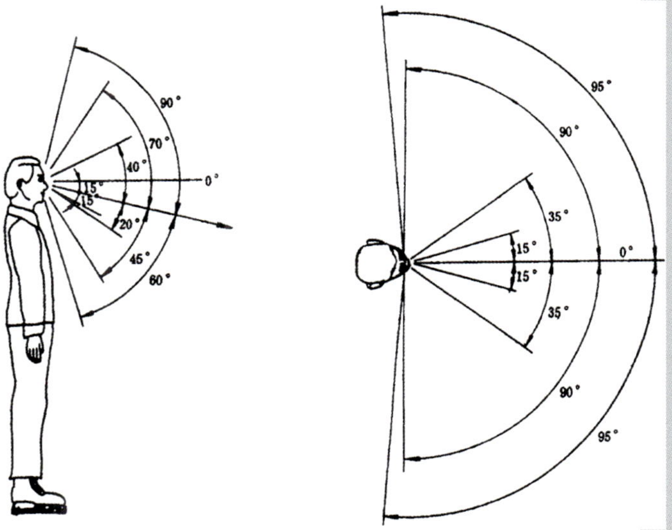

图 8-12　视野范围

图 8-13　室内区域照明

图 8-14　根据人体工程学布置的室内色彩环境

不同形态、质感、风格等美学特征的认知，可以在室内设计中选择和搭配这些特征，以表达视觉主题和情感。

（三）对室内空间感的应用

人体工程学在室内空间感的应用主要体现在以下三点：

（1）设计合理的室内空间尺度和形式。根据人体的尺寸、活动范围和心理状态，为不同功能区域的室内空间设计合适的尺度和形式（图 8-15）。比如，根据人体坐高、坐深、臀宽等，设计合适的沙发、椅子、桌子等家具；根据人体站立、行走、转身等运动情况，设计合适的过道、门窗、楼梯等空间（图 8-16）；根据人对私密性、安全性、舒适性等的需要，设计合适的卧室、浴室、书房等空间（图 8-17、图 8-18、图 8-19）。然而，对于住房空间来说，要想完全符合家庭成员的特定物理尺寸是不太可能的，因此，我们可以根据实际情况，适当调整尺寸，使其大于或小于平均值。

（2）优化舒适的室内物理环境条件。

根据人体对温度、湿度、光照、声音等物理环境因素的感知和适应性，为室内物理环境选择最佳的参数和标准，如照明灯具和色彩搭配、隔音材料和声学设计等。

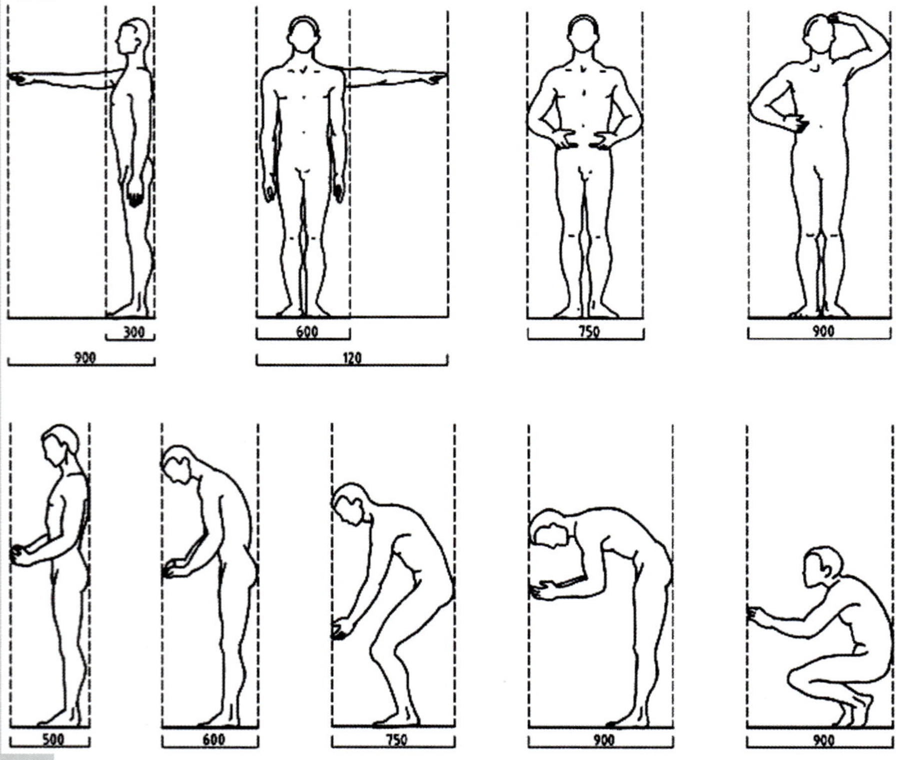

图 8-15　人体各种姿态所需要的空间大小（单位：mm）

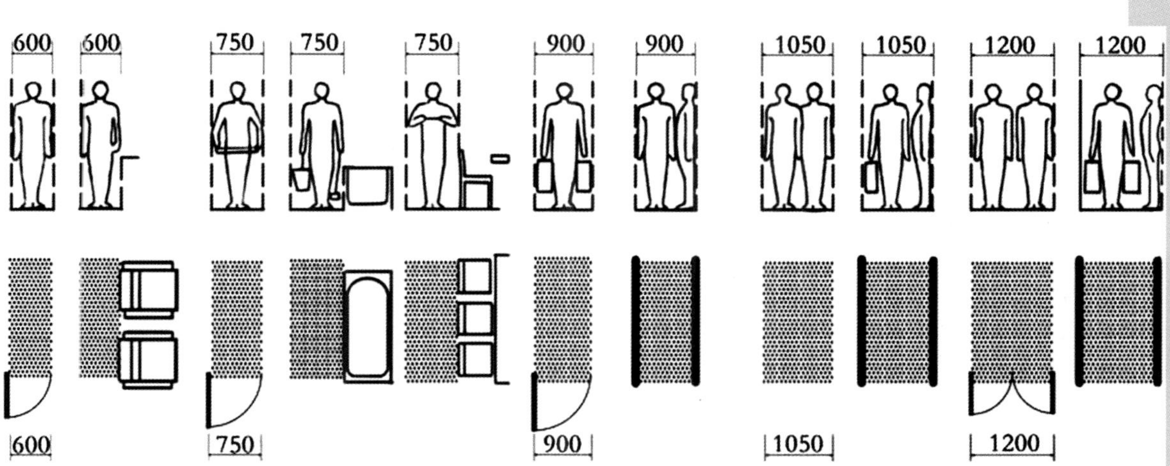

图 8-16　室内过道的距离（单位：mm）

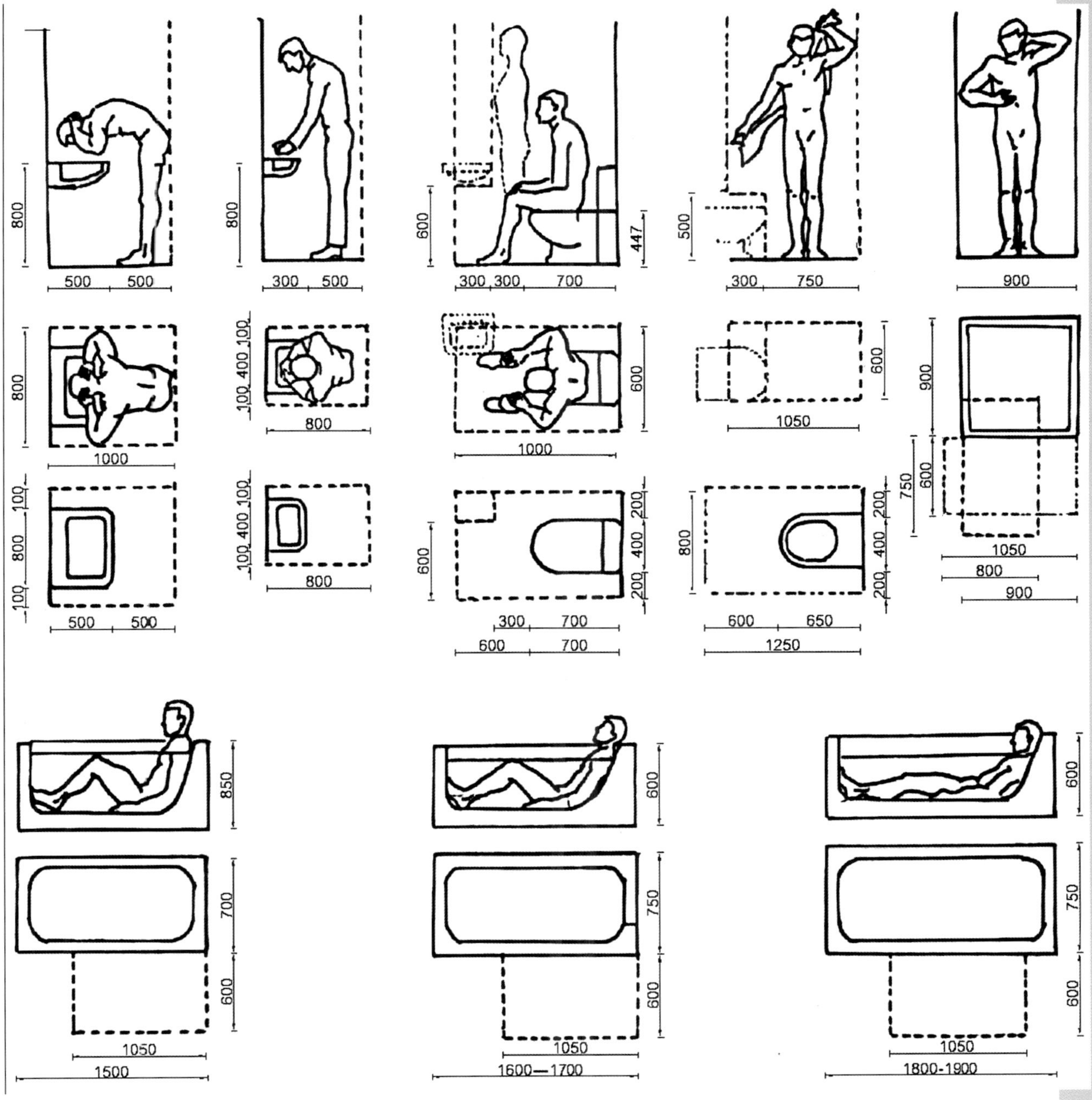

图 8-17　卫浴空间尺寸需求（单位：mm）

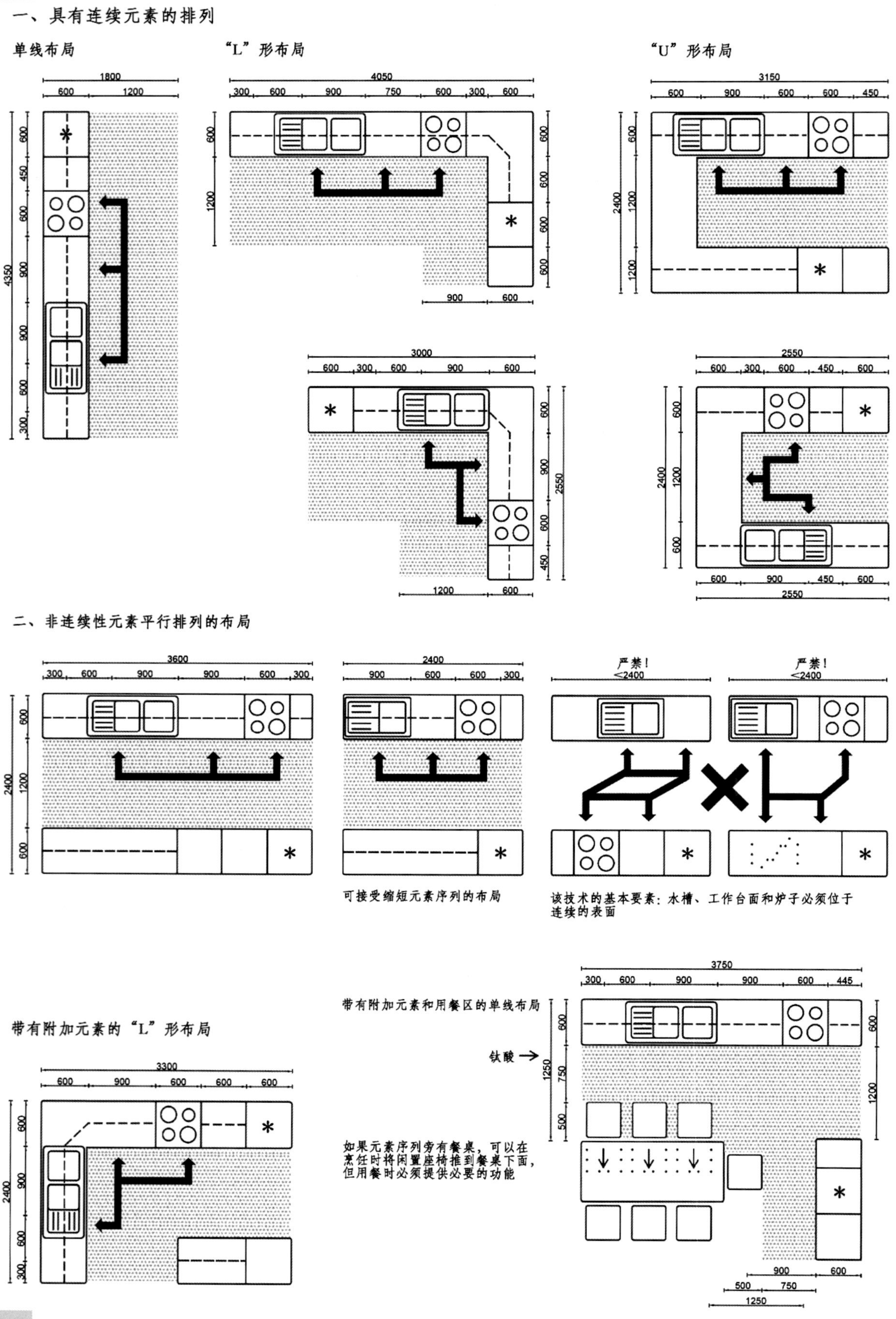

图 8-18　室内厨房动线布局（单位：mm）

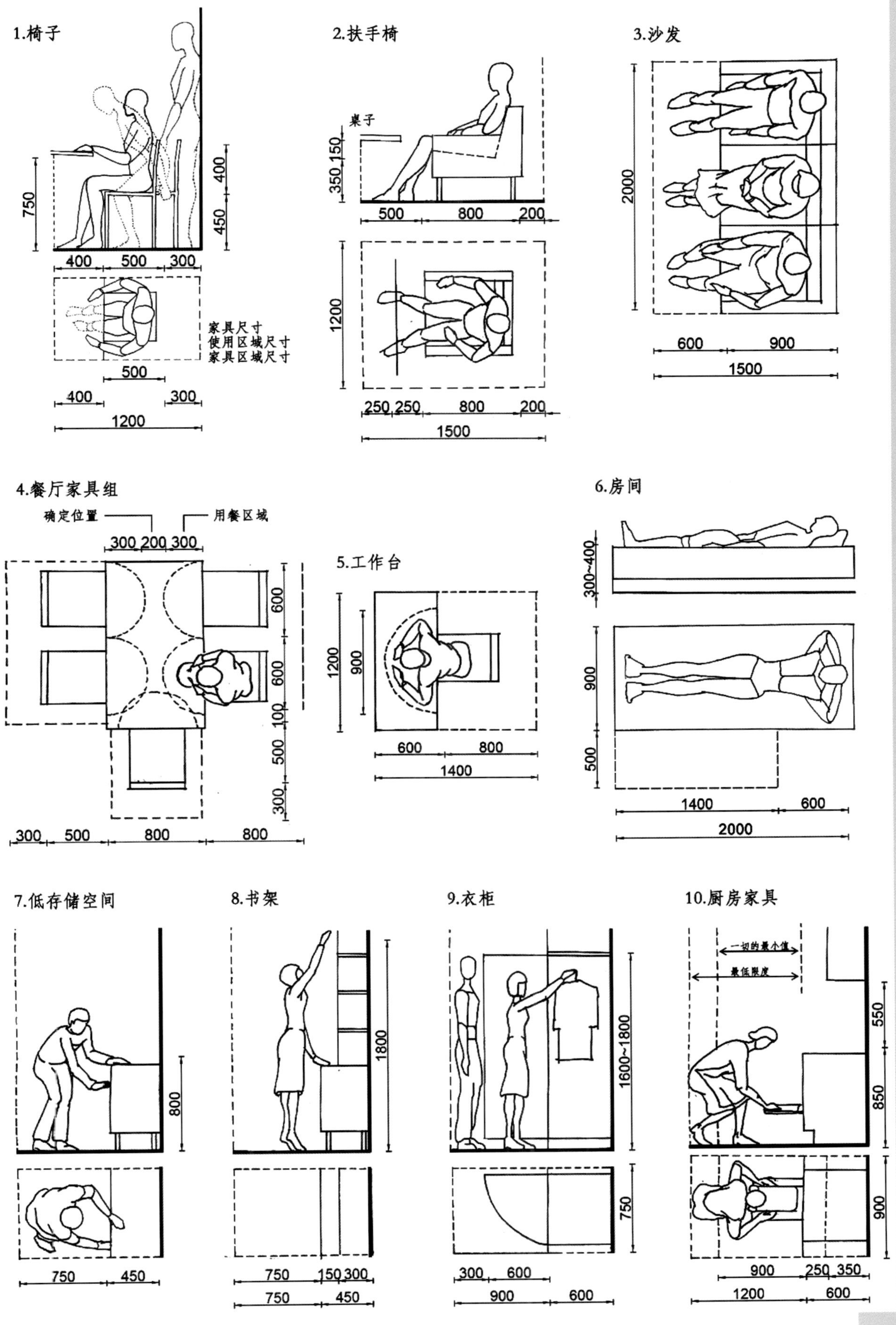

图 8-19 主要家具的空间需求（单位：mm）

（四）对室内听觉的应用

听觉环境是室内设计的重要方面，它可以影响我们的情绪和工作效率。听觉环境可以分为两类：一是令人愉悦的声音，我们可以通过声学设计来提升这种声音的清晰度和效果；二是令人厌烦的噪声，我们可以通过设计防护来控制或消除这种声音。

听觉环境不仅影响我们的工作效率和心理健康，还与我们的生活品质和审美情趣有关。设计师应根据不同的功能和场景营造出适合的听觉氛围。例如，在休息区或接待区，设计师可以利用音乐、水声、鸟鸣等声音营造出轻松和谐的氛围；在展示区或展览馆，可以利用立体声、环绕声、混响等特殊效果增强视听的沉浸感；在KTV、酒吧、音乐厅（图8-20）等需要提高室内的音质和声效，而在教室、图书馆（图8-21）、会议室等需要保证声音的清晰度和舒适度，不应有过多的杂音和回声。

在设计噪声防护时，设计师需要考虑消声材料的性能、房间的布局和功能、噪声源的位置和强度等因素。噪声防护应在绘图时就开始考虑，而不是在施工时才发现问题。设计师还要注意墙壁、门和窗户对噪声的隔音效果，选择合适的材料和结构，避免噪声的传播和反射。通过这些方法，设计师可以提高室内空间的听觉舒适度和功能性。

图8-20 音乐厅室内声环境的设计

图8-21 图书馆室内声环境的设计

图8-22 人体工程学拉手设计

（五）对室内触觉的应用

室内触觉是人体工程学的一个重要方面，它涉及人体与室内环境的物理接触，包括痛觉、压力觉和温度感觉等。

痛觉是人体对过度刺激的反应，它可以提醒人们避免伤害。在室内设计中，应该注意减少或消除可能导致痛觉的因素，如拉手的大小、形状和材质（图8-22）。拉手是人们操作门窗等物件的常用部件，如果拉手过小或不合适，会使人们用力过大，从而引起痛觉。

压力觉是人体对外界压力的感知，它与人体与物体接触面积有关。在室内设计中，压力觉主要体现在家具的设计上，尤其是承托人体重量的家具，如床、沙发、椅子等。如果家具的承托面或接触面过小或不合理，会使人体受到不均匀的压力分布，从而影响舒适度和健康。

温度感觉是人体对温度变化的感知，它与人体与物体表面温度差异有关。在室内设计中，温度感觉主要体现在室内空气温度和物体表面温度上。如果室内空气温度过高或过低，或者物体表面温度与人体皮肤温度差异过大，会使人体感到不适或畏缩。比如，冬天的时候，坐便器的坐垫很容易变得冰冷，给人们带来不舒适的感觉，我们可以在设计时就考虑到坐垫的保温和加热功能。

二、人体工程学在室内家具中的应用

在第七章我们介绍了人体工程学与室内家具之间的关系，这里再简单介绍一下人体工程学在室内家具中的应用。室内家具按照功能和形式可以分为三类：支撑人体本身的家具、支撑物体的家具、收纳和遮挡隔断的家具。

支撑人体本身的家具主要包括椅子、沙发、床等，它们的设计要考虑到人体的尺寸、姿势、舒适度等因素。这类家具的设计以人体坐骨节点为原点，根据人体各部位在不同姿势下的位置和角度，确定家具的高度、宽度、深度、倾斜度等参数，以保证其功能性和舒适性。

支撑物体的家具的设计需要综合考虑物体的质量、形态、功能等属性，以满足人们在不同场合下对物体的放置、使用、展示等需求。这类家具的设计以地面为原点，根据物体在不同场合下的高度和位置，确定家具的结构、材料、形式等参数，以保证稳固性和美观性的平衡。

收纳和遮挡隔断的家具主要有衣柜、书柜、屏风等，它们的设计要考虑空间的大小、布局、风格等因素，从而适应人们的收纳、整理、隔离等活动。这类家具的设计以空间为原点，根据空间在不同功能下的需求和特点，确定家具的容量、形态、颜色等参数，以保证空间利用率和空间效果。图 8-23 为橱柜家具的适宜尺寸。

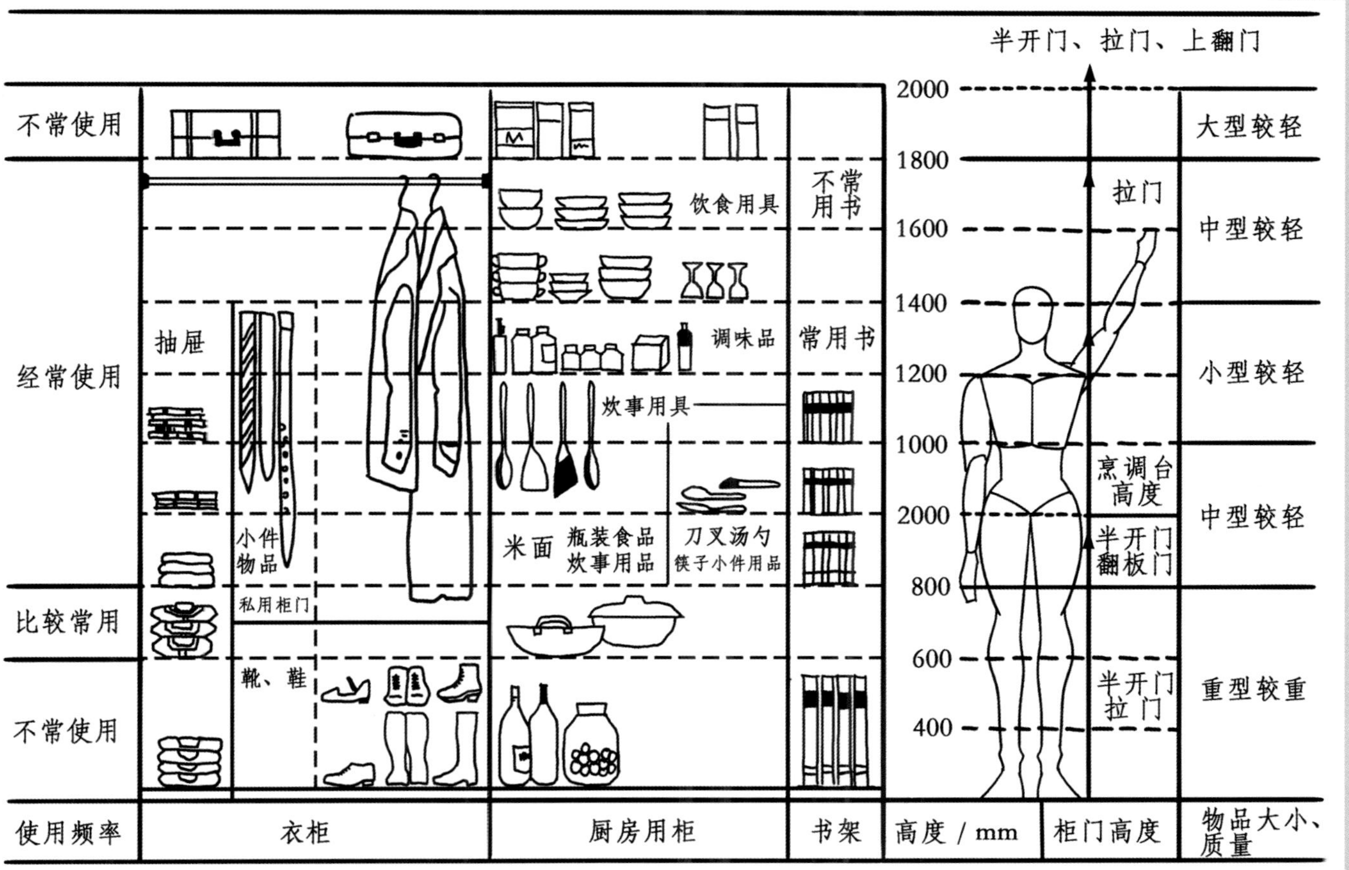

图 8-23　橱柜家具的适宜尺寸（单位：mm）

（一）椅类家具

椅类家具是人们日常生活中不可或缺的一类家具，在设计时需要充分考虑人体工程学的原理，使人们在使用椅类家具时能够感到舒适和方便。椅类家具的人体工程学设计主要包括椅面、靠背、扶手、底座的设计。椅面的设计需要根据人体的尺寸、姿势、舒适度等因素来确定。一般来说，椅面的高度应该使人的双脚能够平稳着地，避免腿部受压或悬空；椅面的宽度应该能够完全承载人的臀部，同时留有一定的余量，方便人体调整坐姿；椅面的深度应该使人的大腿能够自然放置，避免前沿压迫膝盖或后沿空隙过大。靠背的倾斜角度应该使人体能够保持自然的脊柱曲线，避免过于直立或后仰（图 8-24）；靠背的曲度应该贴合人体的背部曲线，尤其是肩胛骨和腰骶部位，以提供有效的支撑力；工作用椅应该有较高的靠背，以支撑头部和颈部，休闲用椅则可以有较低的靠背，以增加活动范围。扶手的高度应该使人体能够自然放置双臂，避免肩部过高或过低；扶手的宽度应该能够完全覆盖下臂，避免边缘刺激或空隙过大。有四条腿或轮子的底座比较适合移动性强或空间较大的情况；有三条腿或中心柱子的底座比较适合稳定性强或空间较小的情况；底座的材料应该具有足够的强度和耐久性，同时要考虑人体重量和环保性。

阿尔瓦·阿尔托夫妇是芬兰著名的建筑师和设计师，他们为帕米奥疗养院设计的帕米奥椅（图 8-25）专门为需要长时间坐着的肺结核病人而设计。这种椅子使用了弯曲的胶合板作为椅背，贴合人体的背部曲线，以提供有效的支撑力，并使人体能够保持自然的脊柱曲线，避免过于直立或后仰，有利于呼吸和放松。

（二）床类家具

床类家具直接影响人们的睡眠质量和身体状态，因此人体工程学在床类家具设计中的应用十分重要（图 8-26），主要包括床垫的硬度和厚度、床架的高度和形状，以及床头柜的位置和功能。床垫的硬度和厚度应该根据人体的重量、身高、体型和睡姿来选择，以保证人体的脊椎和肌肉能够得到适当的支撑和放松。一般来说，床垫的硬度应该在中等到偏硬之间，厚度应该在 15~25cm。床架的高度应该在 40~60cm 之间，形状应该避免有尖锐的角或边缘。床头柜的位置应该在床边或稍后方，高度应该与床垫相同或略低，功能应该包括有抽屉或柜门等收纳空间，以及有灯光或插座等便利设施。

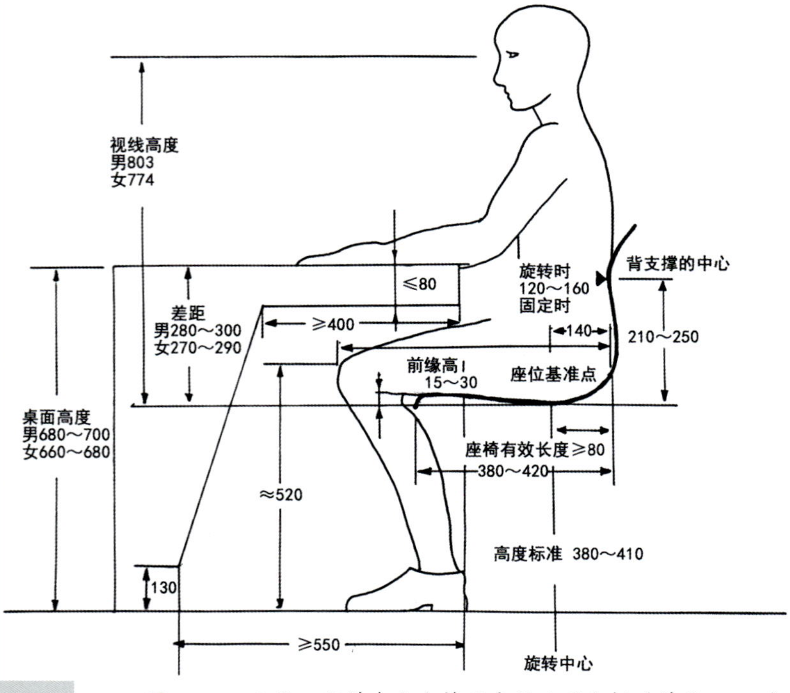

图 8-24　人体工程学在室内椅子中的应用分析（单位：mm）

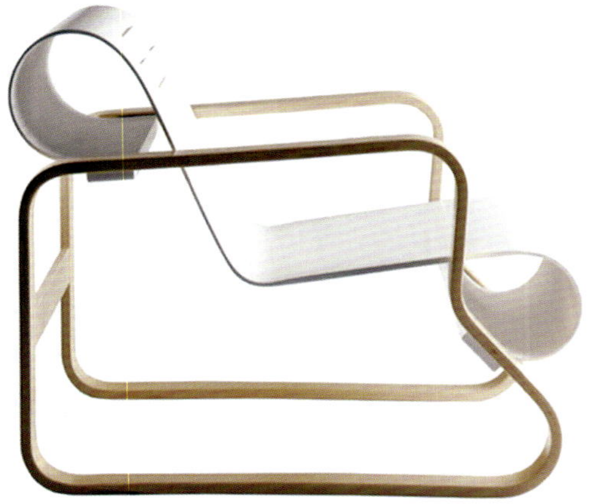

图 8-25　帕米奥椅（Paimio chair）

符合人体工程学的床类家具，可以提高人们的睡眠质量和生活品质，也可以预防或缓解一些常见的身体问题，如颈椎病、腰椎病等。例如，Sleep Number 360 智能床（图 8-27）可以根据使用者的身体状况和睡眠习惯，自动调节床垫的硬度、温度、湿度和倾斜角度，还可以通过传感器和手机 APP 监测睡眠质量和健康数据，提供个性化的睡眠建议。

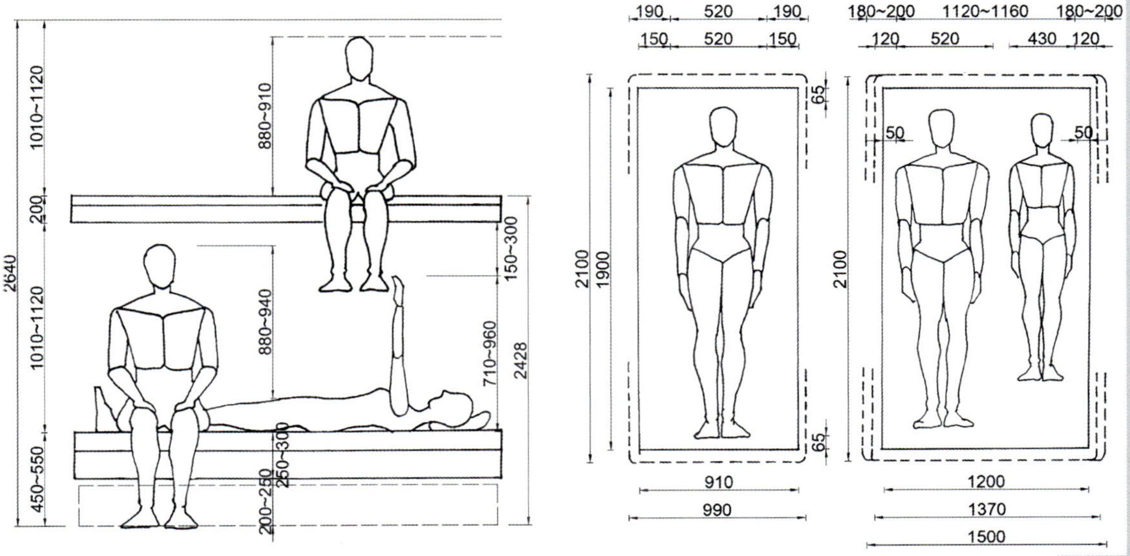

图 8-26　人体工程学在室内床家具中的应用分析（单位：mm）

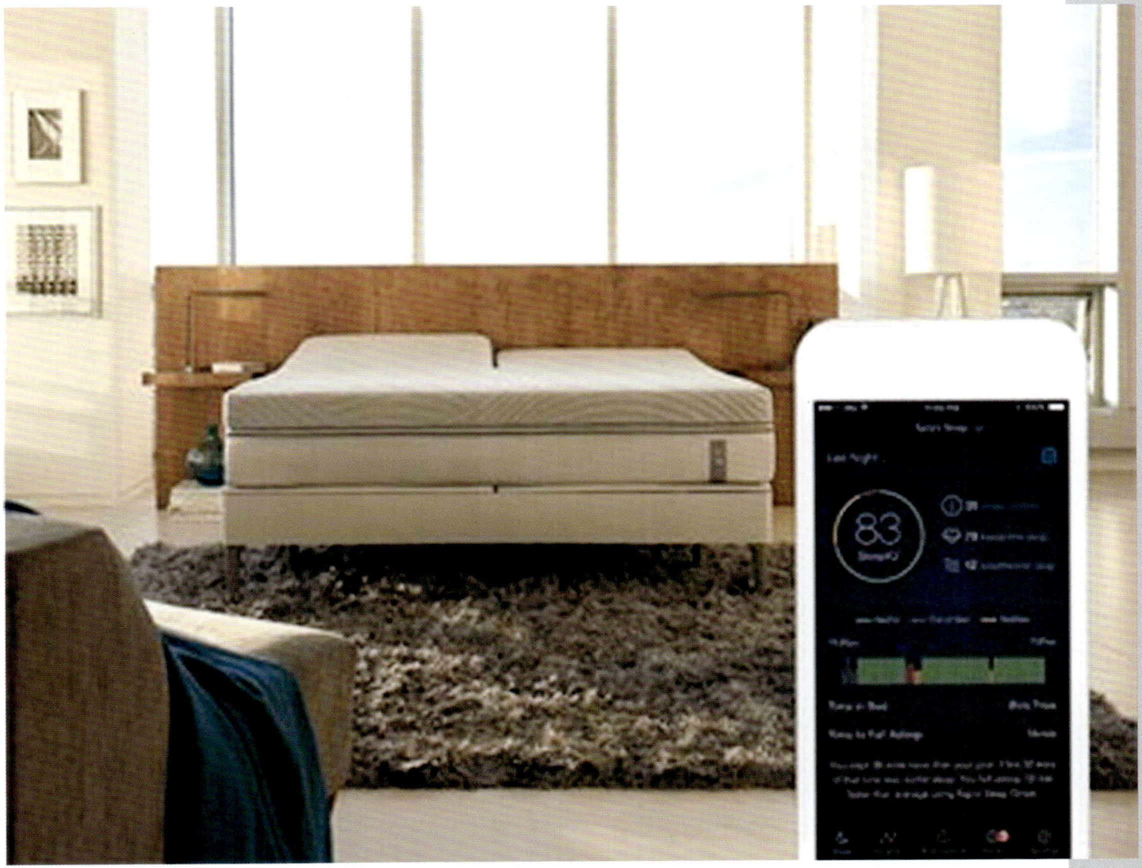

图 8-27　Sleep Number 360 智能床

本章习题及答案

第九章　室内设计的景观绿化与庭院

随着城市建筑的发展，大型公共建筑和高层住宅增多，相应地绿地减少了。人们对失去的自然绿地感到怀念，尤其是那些长期生活和工作在室内的人，更渴望周围有绿色植物的环境。因此，引入室内的绿色植物不再仅仅是简单的“装饰”，同时也成了提升环境质量、满足人们心理需求的不可或缺的元素。

室内植物景观设计是指在人为控制的室内环境中艺术而科学地将富有生命力的室内植物及相关附件有机地组合在一起，从而创造出具有美学感染力、功能完善、洋溢着自然风情的空间环境。景观绿化能够改善室内空气质量、增加空气湿度、减少室内噪声、调节室内温度，有效地改善人们的生活环境。而庭院作为室内景观绿化的重要形式可以让人们享受到和室外一样的自然风光和氛围。

在设计过程中，景观绿化和庭院的设计应该根据室内空间的特点进行规划和布置。庭院的设计则需要根据室内的风格和功能进行设计，考量适合室内空间的庭院类型、庭院大小、庭院样式等方面。

第一节　室内绿化的作用

室内绿化是室内设计的一部分，旨在利用植物材料结合园林设计手段美化室内环境，调节人与环境之间的关系。室内绿化的作用主要体现在以下几个方面。

一、改善室内空气质量

室内空气质量直接影响人们的健康和舒适度。绿植通过吸收二氧化碳、释放氧气，以及吸收有害物质（如甲醛、氨等），能够有效净化空气，营造更加清新宜人的室内氛围。植物的光合作用和根系菌群的作用能够帮助分解有害气体，减少微生物侵害，从而改善室内空气质量。

二、调节室内温度和湿度

植物通过根部吸收水分，并通过叶片的气孔释放水蒸气，这个过程被称为蒸腾作用。蒸腾作用，可以增加室内的湿度，并在炎热的天气中释放水蒸气，冷却植物表面和周围环境，带走热量，从而起到降温的效果。植物的叶子表面可以吸收部分太阳辐射。需要注意的是，植物的调温作用有限，如果想更有效地调节室内温度和湿度，还需要采取其他措施，如使用空调、加湿器等设备。

三、静音降噪

植物的树叶和枝干可以吸收部分噪声，尤其是大叶植物，其可以提供更多的表面积来吸收声波，并减少噪声的传播，有效提升室内的安静度，为人们创造更为宁静的居住或工作环境。植物的树干、枝干和叶片可以将声波分散，使其在传播过程中受到阻尼效应，这样可以减小噪声的传播距离和强度。此外，植物还可以作为噪声的屏障，阻挡声波的传播路径。例如，通过种植带有茂密枝叶的树木或灌木丛，可以在城市街道、公园或居住区等地区形成自然的屏障，减少噪声的侵入。

四、组织和引导空间

通过巧妙的布局，绿植或其他绿色元素能有效地分隔不同功能区域，有助于创造私密性和清晰的空间结构。设计师可以通过巧妙布置绿植，来引导人们的视线流动，创造自然的路径感，形成有趣的景观（图9-1）。选择不同高度、形态和种类的植物，可以为空间增添层次感，使其更加丰富和引人入胜。

五、美化环境

绿植的存在赋予了空间更多赏心悦目的元素，美化了室内环境，增强了装饰结构的观赏性，为居住者带来愉悦的精神享受。绿植的颜色、形态和质感都带有一种美感，合理的绿植布置，会使空间更加自然、和谐、舒适和美观。

六、改善人们的情绪和健康状态

研究发现，欣赏绿色植物有助于降低人的心率和血压，进而减轻压力和焦虑，提升注意力。此外，绿色植物具有吸收紫外线的功能，可以降低太阳光对眼睛的刺激，有效缓解视觉疲劳。当人的视野中包含四分之一的绿色时，人的视觉感受最为舒适，这一科学结论在室内设计中得到了应用，以确保居住者能够获得最佳的视觉享受。

在绿色环境中，人们更容易集中注意力，情绪也更加稳定和愉悦，因此在工作和学习场所适度添加绿色植物，可提高工作和学习效率，同时可调节情绪，提升整体幸福感。

第二节　室内绿化的布置方式

在室内绿化设计中，巧妙的布置是关键。布置方式应考虑植物的养护需求，既要确保美观又要易于管理。利用绿植的不同高度和形态创造室内空间的层次感，以及考虑悬挂式绿植和垂直花园等方式，打破空间的单调性。植物的组合和自然光照的考虑都是为了创造宜人的视觉效果；通过绿色配饰的巧妙运用，整个室内环境也更显清新宜人。

一、多层次绿化设计

多层次绿化设计旨在利用垂直空间，打造层次分明、丰富多彩的绿色环境。多层次绿化设计通过巧妙运用垂直空间、选择不同植物和实施三维绿墙等手法，混搭不同种类的植物，考虑它们的高度、形状和颜色，并添加景观元素、调整光影设计和引入透明度，提升设计的立体感和自然氛围；同时定期更换植物以适应季节变化，使整体设计保持新鲜感。这样的整合方法能为空间注入生机，创造出引人入胜的多层次绿化设计。

（一）地面绿化

地面绿化，是指在室内地面进行绿色设计，可以通过铺设草坪、草皮，或者在空余的角落和过道摆放绿色植物来实现。地面绿化的主要形式包括室内草坪、草皮地毯

图9-1　绿植引导人流动线

以及角落绿化。在进行地面绿化设计时，必须根据实际情况和室内空间的大小与形状进行合理布置，应考虑植物的种类、颜色和光照，以及后期的清洁和养护等因素，以确保设计效果的持久性和美观实用性。

1. 室内草坪设计

将草坪作为地面的主要覆盖物时，可以选择使用人工草皮或真实草坪进行铺设。在设计过程中，设计师需要考虑室内环境相对封闭，选择低矮、耐阴的植物是关键，如仿真草坪、多肉植物等，它们都能在室内环境中茁壮成长。另外，室内草坪需要足够的光照来进行光合作用，除了依赖自然光外，我们还可以考虑引入人工植物灯，为植物提供所需的光合作用条件。此外，良好的排水系统是防止过度浇水引起积水的关键。因此，选择透气性好的土壤和合适的容器是必要的，以确保水分能够迅速排出，维持植物的根部健康。草坪的形状和布局应与室内空间相协调，可以选择规则的几何形状，也可以创造出有趣的不规则形状，并巧妙处理边缘，保持整洁，可使草坪成为室内设计的焦点（图 9-2）。这不仅增添了空间的独特性，还使整个室内环境更加和谐。

2. 草皮地毯设计

草皮地毯是一种压缩的草皮，通常作为室内的地面覆盖物。在设计中，需要考虑空间大小、草皮的颜色、纹理等特征，可依据个人喜好来选择几何形状或不规则形状。同时，选择轻型容器和适量的土壤，确保草皮地毯具有足够的轻量性，方便移动和定期修剪、保养，以此来确保草皮地毯的整洁。草皮地毯还具有吸音和净化空气的作用，可改善室内环境，使空间更加宁静。此外，对边缘的装饰性处理可以保护草皮地毯，也能增加美感，选择一些有装饰性的边缘植物或其他元素，使整体设计更加完整。通常情况下，居住空间内使用的草皮地毯多为人工合成材料（如聚丙烯）制成的，模仿天然草坪的外观和质感（图 9-3）。合成草皮的好处是耐用、易维护且不需要定期浇水和修剪。

3. 角落绿化设计

在室内角落引入植物和绿化元素，可以营造特殊的氛围，提升美感和舒适度（图 9-4）。在选择植物、容器和装饰元素时，应考虑它们与整体空间的主题和氛围的协调。角落通常容易受到自然光的限制，因此设计中需要选择合适的照明方案，以确保植物能够获得足够的光照。如果空间允许，可以考

图 9-2　草坪造景丰富室内空间

图 9-3　草皮地毯增加室内美感

虑安排季节性植物，使角落在不同季节呈现出不同的色彩和氛围。角落绿化不仅是为了美观，还需要考虑空间的功能需求，确保绿化元素不妨碍通道或使用空间。

（二）壁挂绿化

壁挂绿化通常指的是在墙上挂置绿植的装饰。这是一种独特而有创意的绿化方式，既能美化空间，又能引入自然元素，如垂直墙面绿化、绿色画廊墙、悬挂绿植、墙上花园。在进行壁挂绿化时，需要考虑植物的种类、光照条件、浇水需求等因素。另外，还可以结合一些创意的设计元素，使整个空间更加个性化和有趣。

1. 垂直墙面绿化

垂直墙面绿化是一种创新而美观的设计方法，将植物引入垂直空间，创造出独特的绿色氛围（图9-5）。需要注意的是：在设计垂直墙面绿化时要考虑到多种因素，可选用适合垂直生长的植物，如攀缘植物、藤蔓植物（虎尾兰、爬墙虎等），或者具有垂悬生长特性的植物；使用垂直花园系统，垂直花园系统可以简化绿化墙面的设计，且可以轻松安装在墙面上，便于植物的管理和更换；规划光照条件，根据光照条件选择适合的植物种类，以确保它们能够充分生长；挑选适宜墙面，在选择绿化墙面之前，确保墙面具有良好的防水和排水系统，以防止水分对墙体的损害；使用轻质、透气且有机质丰富的土壤，以促进植物的健康生长；进行定期维护，定期施加适量的有机肥料，确保植物获取充足的养分；定期进行检查和维护，以确保植物健康生长；整合艺术元素，在绿化墙面中加入一些艺术元素，如雕塑、装饰物或者照明，以提升整体设计的美感；考虑植物的布局，创造出有趣的图案和形状。巧妙的排列植物可以使绿化墙面更具吸引力。

2. 绿色画廊墙

利用各种绿色植物制成画廊装饰品，固定在墙面上，形成绿色画廊墙效果（图9-6），这种方式不仅能够增加室内空间的自然气息，还能够提高墙面的装饰效果，增加美感，有助于改善室内空气质量，创造一个更加舒适和健康的生活环境。

绿色画廊墙的植物装饰品不仅是自然的展示，也是一种艺术的表达。植物的形状、颜色和布局可以被精心设计，创造出独特的艺术效果，形成一幅幅绿色画卷，为室内增添视觉层次和艺术氛围。植物的

图9-4　角落绿化营造氛围

图9-5　垂直墙面绿化

高低错落、颜色的丰富搭配，形成了空间的层次感，使整个环境更具深度和趣味性。这种设计方式强调了生态友好和可持续性，将绿植融入墙面装饰，不仅减少了对传统装饰材料的使用，还为室内创造了一个更加环保的设计方案。

3. 悬挂绿植

悬挂绿植是将室内或室外的植物悬挂在空中或挂钩上的一种装饰方式，可以使空间呈现出独特的视觉效果，同时节省地面空间，为室内或室外环境增添自然元素（图 9-7）。在选择悬挂绿植时，要考虑植物的光照和养护需求，并确保悬挂的结构坚固可靠。悬挂绿植最好使用吊篮或悬挂篮，因为这样既美观，又方便悬挂，特别适用于客厅、阳台或走廊。具有挂钩或链条的花盆，可以挂在窗户、墙壁或顶棚上，为室内带来垂直层次感。将悬挂绿植设计成艺术品，如植物拼贴、悬挂画作，以创造出独特的室内装饰效果。另外，可以利用垂直墙面，将悬挂绿植布置成垂直花园，形成一道独特的室内绿墙。使用悬挂植物架也是不错的选择，可以在空中悬挂多个植物，这种方式尤其适合在室内角落或窗户旁边创造小型的绿化角。

4. 墙上花园

墙上花园也可以成为室内设计的亮点。将多种绿植种植在墙面上，形成墙上花园效果（图 9-8）。这种方式不仅可以增加室内的自然气息和美感，还可以改善空气质量和降低噪声。选择不同种类和形状的植物，搭配合适的容器和支架，可以打造出独特而吸引眼球的装饰效果。墙上花园是对空间的巧妙利用，特别是对小型住宅或办公空间。将绿植安置在墙上，不仅能够保留地面空间，还可以充分利用垂直空间，使整体空间更为开阔。

二、分区绿化设计

分区绿化是一种在室内或室外空间中，通过划分不同的区域来安排和布置植物和绿化元素的设计方法。这种绿化方式既可以用于美化环境，也可以实现功能性的分隔和组织空间的目的。从美学角度

图 9-6　植物装饰画廊

图 9-7　悬挂绿植节省空间

来看，分区绿化可以为整个空间增加层次感和景观效果。在不同区域选择不同类型或风格的植物，可以实现丰富多彩的视觉效果。例如，在休息区摆放一些绿植，而在工作区域选择一些能够提高专注力的植物，从而达到美学和功能性的双重效果。另外，在空间中设置植物或绿化隔断，可以在不使用实体墙壁的情况下，实现空间的分割和隔离，创造出私密而独立的区域。这对办公室、商业空间或者居住空间中需要创造出不同功能区域的场景非常有用。在分区绿化设计时，需要考虑植物的养护需求、光照条件等因素，确保每个分区的植物都能够在相应的环境中茁壮成长。

图 9-8　墙上花园

（一）接待区绿化

在接待区域中，可以设计一些具有装饰性、绿化效果明显的绿色植物，增加接待区域的美感和舒适度。选择适合室内环境的植物，如龙舌兰、仙人掌、吊兰等，这些植物通常对室内的光照和湿度要求不高，易于养护。将选好的植物布置在接待台周围、角落或其他能够吸引注意的位置。植物的高度和形状可以根据空间的大小和需求进行搭配，起到动静结合的效果。如果空间允许，可考虑在接待区墙面上建立一个小型的绿植墙，这不仅能够提供独特的视觉效果，还可以改善空气质量，并增添自然的元素。根据季节的变化，考虑更换植物或者花卉，使接待区始终保持新鲜感。最后，还要考虑接待区的整体设计风格，确保绿化元素与家具、地板、墙面等其他元素相协调，形成一个统一而和谐的空间。

（二）办公区绿化

在办公室进行绿化设计可以改善室内空气质量、提高员工工作效率，并为工作环境增添一些自然元素。选择适合室内环境的植物，如吊兰、蛇皮树、芦荟等，这些植物不仅能够提供新鲜的空气，还能在办公室中营造自然的氛围。在办公室中引入绿植墙或绿植隔断，如在共享空间、休息区或会议室中摆放一些大型盆栽、绿植墙等，以营造更加宜人的氛围。这不仅可以提供更多的绿意，还能在一定程度上分隔工作区域，提高私密性。在办公桌上也可以摆放一些小型植物或多肉植物。植物的选择应与办公室整体设计相协调，考虑植物的形状、颜色与家具、地板等元素的搭配，以确保整体风格一致。同时，要确保植物能够获得足够的自然光或人工照明，建立植物养护计划，确保植物得到适当的水分和养分，以维持它们的健康状况。

图 9-9　楼梯绿化

（三）楼梯绿化

楼梯绿化是一种很有创意的设计，设计师可以利用楼梯空间为建筑增添绿色元素（图 9-9）。在楼梯的平台、踏步或扶手上摆放一些盆栽植物，不仅具有美感，还不占用楼梯行走空间。比如，在楼梯扶手上或楼梯旁的墙上安装悬挂式花盆，利用楼梯空间的垂直性，安装垂直花园或绿植墙。在设计时，需要选择适合室内环境和光照条件的植物，确保它们在楼梯空间中能够健康生长。在楼梯的踏步或扶手上设置小型灯具，为绿化区域提供柔和的照明。在夜间，这样的设计既能提供安全照明，又能为植物营造温馨的生长环境。根据楼梯的结构，考虑不同高度的植物，形成多层次的绿化效果，这样能够使整个楼梯空间更加丰富有趣。

第三节　室内绿化的规划模式

一、点线面规划模式

在室内绿化的规划中，可以运用点、线、面的设计概念，创造出丰富多彩的绿化效果。这三个要素分别代表了绿植的点状摆放、线状组合，以及面状布局。这种规划模式可以根据室内的功能、风格、尺度等因素，灵活地选择和组合适合的植物，以达到美化环境、提高舒适度、展示个性的目的。

1. 点状绿化

点状绿化是指在室内空间中设置单个或少量的植物，以突出重点或形成对比。点状绿化可以用来装饰桌面、窗台、角落等局部区域，也可以用来强调某个功能或视觉焦点，如门厅、电视柜、壁炉等。点状绿化的原则是从形态、质地、色彩等方面精心挑选植物，使之与周围环境既协调而又有特色。

2. 线状绿化

线状绿化是指在室内空间中沿着一定的方向或轴线布置植物，以形成连续或分段的线条效果。线状绿化可以用来划分空间、引导视线、延伸视野、增加动感等。线状绿化的原则是注意线条的长短、粗细、曲直、变化等特征，使之与空间的结构和氛围相适应。

3. 面状绿化

面状绿化是指在室内空间中利用大面积的植物覆盖或组合，以形成丰富或统一的平面效果。面状绿化可以用来填充空间、营造气氛、隔离噪声、净化空气等。面状绿化的原则是注意平面的形状、大小、比例、纹理、色彩等特征，使之与空间的功能和风格相协调。

二、综合式规划模式

综合式规划模式是一种在室内设计中有机整合点、线、面三种元素的方法论。这种模式在实践中展现了强大的灵活性和广泛的应用性。由于其灵活性，综合式规划模式通常在空间较大的环境中得到广泛运用，如大堂、中庭等场所。

通过科学应用综合式规划模式，可以确保室内环境呈现出良好的对比特征。这一设计方法不仅考虑点、线、面等基本要素，还充分利用植物的规模、色彩等特征进行空间规划。根据实际需求，设计师可以巧妙地加入水景、山石等元素，模拟自然环境，使空间具有强烈的视觉效果和层次感。这种综合式规划模式的运用，不仅为空间注入了美感，也提升了人们的感知体验。

本章习题及答案

第十章　室内设计的风格和流派

第一节　风格和流派概述

一、室内设计风格和流派定义

风格，即创作中的艺术特色和个性，是室内设计的整体审美和情感方向。它涵盖了各种元素，包括颜色、材料、家具、装饰物、布局等。室内设计的风格通常是基于一定的审美标准和文化背景的，它反映了设计师和居住者的个人品位。流派指学术和文艺方面的具体派别，它是一种更具特定历史、文化和地理背景的设计风格，通常有一组共同的特征和价值观，反映出不同时期和地区的设计传统。风格通常可以包括多种流派，而流派则通常更具历史性和文化性。风格是室内设计的广泛分类，流派是风格的更具体、更深入的表现。

室内设计风格的形成和发展受到人们对物质和精神需求的直接影响。不同的环境、用途和用户需求会影响设计风格和流派的选择和应用。例如，住宅室内设计可能更注重居住者的舒适和个性，商业空间可能更注重品牌形象和顾客体验，医疗机构可能更注重卫生和功能性。不同的环境和用途可能需要不同的材料、布局和装饰元素，设计师需要灵活运用不同的风格和流派，以满足具体需求。

二、室内设计风格和流派的发展历程

尽管“风格”一词作为专业术语是在 20 世纪前后被正式提出的，但风格的发展历程则深深植根于东西方丰富多彩的历史文化中。各个时代的社会、经济和艺术潮流都在一定程度上影响了当时的室内设计风格。

室内设计的风格和流派起源于古代文明的鼎盛时期。在古埃及，室内设计已经展现出其独特的风格特色。法老的宫殿和贵族的住所，墙壁上的浮雕和壁画以及雕刻精美的家具，都体现了古埃及人对美学和象征意义的重视（图 10-1）。

随着时间的推移，古希腊和古罗马文明为室内设计带来了更多的创新和影响。古希腊的设计风格以对称性、比例和几何形状为特点，典型的希腊柱式装饰和雕刻精美的家具反映了对和谐美的追求。古罗马则在此基础上增加了奢华的元素，大理石、马赛克和复杂的拱门设计使室内空间更为壮观。

图 10-1　现存古埃及建筑

进入中世纪，欧洲的室内设计风格发生了显著的变化。哥特式建筑的兴起带来了高耸的天花板、尖拱和彩色玻璃窗，这些元素被广泛应用于教堂和城堡的室内设计，营造出一种神秘而庄严的氛围。

文艺复兴时期，随着艺术和科学的复兴，室内设计进入了一个新的黄金时代。意大利文艺复兴时期的风格注重对称、比例和细节的雕刻，室内空间常装饰有壁画、雕塑和豪华的家具（图 10-2）。这一时期的室内设计风格流派不仅展示了艺术家的创意，还反映了当时社会的繁荣和对古典美学的重新发现。

近代以来，室内设计风格经历了多次演变。巴洛克风格的室内设计以其奢华、戏剧性和复杂的装饰而著称，反映了 17 世纪欧洲宫廷的奢侈生活。紧随其后的洛可可风格则更加精致和柔美，以其轻盈的曲线和细腻的装饰展现出贵族生活的优雅。18 世纪末至 19 世纪初，新古典主义风格重新回归简洁和庄重，借鉴了古希腊和古罗马的设计元素。到了 19 世纪末，工业革命带来了巨大的社会变革和技术进步，室内设计也进入了现代主义阶段。现代主义强调功能性、简洁性和创新性，摒弃了繁复的装饰，推崇“少即是多”的设计理念。包豪斯学派成为这一时期的重要代表（图 10-3），其倡导将艺术、工艺和技术相结合，创造出既美观又实用的室内空间。

20 世纪中期，经济的快速发展和文化的多元化让室内设计风格更加丰富多样。斯堪的纳维亚风格、极简主义和后现代主义等流派的涌现，进一步拓宽了设计的视野和可能性。斯堪的纳维亚风格强调自然材料和简洁线条，极简主义则追求纯粹的形式和极致的功能，后现代主义通过混合多种风格和文化元素，打破了传统设计的界限。

室内设计的风格和流派不仅受时代潮流和文化背景的影响，还需要考虑具体的环境、用途和用户需求。住宅设计往往强调舒适性和个性化，通过选择合适的颜色、家具和装饰物来营造温馨的居住氛围。商业空间设计则更多关注品牌形象和顾客体验，需要通过独特的设计风格来吸引顾客和提升品牌价值。

图 10-2　文艺复兴时期建筑风格

图 10-3　包豪斯校舍

从古代到现代，室内设计风格与流派的发展历程展现了人类对美学、功能和文化的不断追求和探索。每个时期的风格不仅反映了当时的社会背景和文化特征，也为后世的设计提供了丰富的灵感和借鉴。通过对这些风格和流派的深入理解，设计师可以在现代设计中创造出既有传承又具创新的室内空间。

三、室内设计风格和流派的发展趋势

（一）人性化

人性化设计成为现代室内设计的重要趋势之一。人性化设计的核心在于以人为本，关注人们在空间中的体验和需求，而不只是单纯的美学或功能性考量。近年来，社会学家和心理学家的研究揭示了人们在不同环境中的认知和行为模式，这些研究成果为室内设计提供了重要的参考。例如，设计师在规划住宅时，会考虑到家庭成员的生活习惯和心理需求，通过巧妙的空间布局、照明设计和材料选择，营造出温馨、舒适且具有个人特色的居住环境。

在公共空间的室内设计中，人性化设计更加注重无障碍设施的完善和多样化服务的提供。比如，现代购物中心不仅重视用户的购物体验的便捷性和愉悦性，还设有儿童游戏区、休息区和母婴室等设施，以满足不同年龄段和群体的需求。

信息时代的到来使室内设计不仅要满足物质上的需求，还要关注精神层面的体验。智能家居技术的发展使居住环境更加便捷和个性化，语音控制、智能照明和温控系统等，让人们的生活变得更加舒适和高效。在办公空间的设计中，越来越多的公司开始关注员工的身心健康，设计出兼具工作和休闲功能的混合空间，以提高员工的工作效率和幸福感。博物馆和展览馆作为文化传播和教育的重要场所，更是人性化设计的典范。例如，纽约大都会艺术博物馆通过精心地展示设计和空间布局（图 10-4），创造出令人舒适愉悦的观展环境。

人性化设计不仅是对空间的优化，更是对人类需求的深刻理解和尊重。设计师通过关注人们的行为习惯、心理需求和情感体验，创造出既美观又实用的空间环境。在未来的室内设计中，人性化设计将继续发挥重要作用，为人们创造更加舒适、便捷和愉悦的生活和工作环境。

（二）互动性

互动性设计的发展趋势在室内设计领域中日益凸显，这种趋势不仅符合现代信息传播的理念，更激发了参观者的积极性和兴趣。与传统的静态展示相比，现代展示技术和工程已经转变为更加动态和互动的形式，让观众能够在真实的环境中直接体验和理解展品。通过引入互动元素，设计师能够创造出更具吸引力和教育性的展示环境。例如，观众可以通过触摸屏、感应器和虚拟现实设备等先进技术与展品进行互动，增强他们的参与感和学习体验（图 10-5）。

技术的不断进步让互动性设计的未来充满了无限可能。人工智能、物联网和大数据分析等新兴技术将进一步提升互动设计的水平，使展示内容更加个性化和智能化。设计师可以利用这些技术创建出更加沉浸式和参与感更强的空间。

（三）数字化

随着数字技术的迅猛发展，数字化成为室内设计领域不可忽视的趋势。数字化技术（如虚拟现实、增强现实和人工智能）正在彻底改变传统的设计方法和用户体验。这些技术不仅为设计师提供了更丰富的工具，也为用户带来了全新的互动和沉浸式体验。

在数字化趋势下，设计师在具备传统设计技能的同时，也要深入了解并运用数字技术。虚拟现实技术能够让设计师在项目开始前创建三维虚拟模型，使客户走进数字化空间（图 10-6），感受最终效果。这种虚拟展示不仅提高了设计沟通的效率，也极大地提升了客户的参与感和满意度。人工智能技术可以通过大数据分析用户的生活习惯和偏好，提供定制化的设计建议和解决方案。例如，智能温控系统可以根据用户的日常作息自动调整室内温度，创造最舒适的居住环境。

数字化的发展不仅在技术层面上推动了室内设计的革新，也在理念上带来了深远的影响。设计师需要不断学习和适应新的技术，同时保持对美学和人文精神的追求。通过数智化手

图 10-4　纽约大都会艺术博物馆

图 10-5　交互式空间

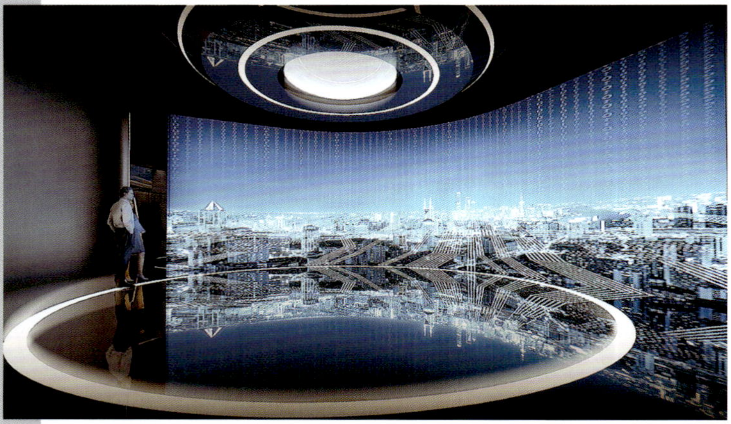

图 10-6 数字化空间

段，设计师可以创造出更加丰富和多样化的室内空间，满足人们对功能性和体验感的双重需求。

（四）高技化

技术驱动的创新在现代社会中发挥着重要作用，推动着各个行业的迅速变革。室内设计作为一个融合科技、艺术和创意的学科正在经历前所未有的技术革命，尤其是近年来人工智能生成内容（AIGC）的崛起，显著改变了室内设计的面貌和实践方式。AIGC 的应用使设计流程更加高效和自动化，通过人工智能算法，设计师可以快速生成设计概念、草图、布局等。这种自动化生成不仅提高了设计效率，还赋予设计师更多时间和空间去探索创意的可能性，实现更丰富多样的设计效果。

此外，虚拟现实（VR）和增强现实（AR）技术在室内设计中的应用，也正在重新定义设计体验和呈现方式。通过 VR 技术，设计师和客户可以身临其境地体验设计方案，直观感受空间布局、材质选择和色彩搭配的效果。AR 技术则允许设计师在实际环境中叠加虚拟设计元素，客户可以在真实场景中预览未来的室内设计。这些技术不仅增强了设计的互动性和沉浸感，还大幅缩短了设计周期，降低了沟通成本。

智能家居技术的兴起也在深刻影响着室内设计的发展。智能家居系统通过互联网将家中的各种设备连接起来，实现了设备之间的互联互通和智能化控制。设计师在进行室内设计时，需考虑如何将智能家居技术无缝融入整体设计，以提升居住者的舒适度和生活品质。

（五）可持续化

在当前经济全球化进程中，可持续发展已成为室内设计领域的重要议题。绿色设计不仅是对环境的友好选择，更是对资源高效利用和生态系统保护的深层次思考。可持续发展不仅要求设计师在材料选择上更加慎重，倾向于使用环保材料（如竹材、再生木材、环保塑料等），同时推动了材料的创新和工艺改进。这种转变不仅有助于减少浪费，降低生产成本，还能创造出独具特色且具备高美学价值的设计作品。

模块化设计和可拆卸结构在绿色设计中具有重要价值。通过模块化设计，设计师可以根据需求进行灵活调整和重复利用，从而减少对新材料的需求和建筑垃圾的产生。可拆卸结构则使装修和布展可以更加方便地更换和更新，而不必破坏现有的结构和材料。这种设计理念不仅提升了空间的适应性和灵活性，还进一步延长了材料的使用寿命。

设计师在设计过程中，不仅需要考虑环境保护，还应关注如何通过设计推动环保理念的传播。与环保组织合作、开展环保教育活动、推广绿色生活方式，都是室内设计师可以采取的实际行动。设计师的这种社会责任感不仅提升了设计的社会价值，还能通过设计影响和引导公众的环保意识和行为。

第二节 室内设计的风格类型

室内设计的风格类型具有多样性和丰富性，各种风格反映了不同的审美观点和文化影响。传统风格注重历史和文化传承，汇聚了各种文化和历史时期的元素。现代风格强调简约、功能性和科技，呈现出时尚的外观。后现代风格批判传统，追求创新和非传统设计。新现代主义风格结合传统与现代元素，创造出华丽而现代的环境。自然风格注重自然元素，使用天然材料和色彩，营造宁静和平衡的氛围。混合型风格将不同元素融合在一起，创造多样而独特的环境。

一、传统风格

在室内设计中，传统风格代表了经典与历史的融合，体现了不同文化背景下的独特美学和价值观念。东方的传统风格，尤其是中国的设计，强调自然与人和谐共处的理念。中国传统风格通常融入大量木质元素，搭配精致的雕刻和细腻的漆器工艺，如中国的木质结构房屋、坡屋顶、园林等建筑，体现了中国悠久的建筑形式和精神内涵（图 10–7）。日本的传统风格则更加简约和自然（图 10–8），讲求“和风”美学。榻榻米、木格拉门、纸质糊窗等元素在日本传统家居中随处可见，体现出自然材料的纯粹与质朴。日式设计崇尚极简，注重空间的开放感和功能性。

图 10–7 中国宋代古典建筑

西方的传统风格则展现出豪华和富丽，如欧洲的巴洛克风格和洛可可风格。巴洛克风格（图 10–9）常见于宫殿和豪宅，装饰用大量金色和大理石，室内空间充满戏剧性和视觉冲击力。洛可可风格则更加细腻和优雅，以柔和的色调、精美的镶嵌和曲线造型见长，体现了 18 世纪法国贵族的浪漫与奢华。英国的维多利亚风格也是西方传统风格中的重要代表。维多利亚风格强调对称与秩序，室内装饰丰富且精致，常用深色木材和厚重的织物营造出温暖而庄重的氛围。

图 10–8 日式传统风格

传统风格体现了不同时期的社会人文特征和各地区的地域文化，具有继承性和延续性。在不同时代、民族和地域，传统风格呈现出各自独有的特征。这些特征既源于人类科技的发展，也受到社会思潮和地理环境的影响（表 10–1）。

二、现代风格

现代主义风格起源于德国魏玛市的包豪斯学派，这一风格在第一次世界大战结束后的历史背景下兴起。德国作为战败国，人们迫切希望打破传统观念，利用新技术和材料创造全新的生活环境。作为 20 世纪初的重要设计流派，包豪斯学派强调简洁、功能性和理性的美学理念，其设计哲学源于现代主义运动。现代风格在建筑和室内设计中崇尚“形式追随功能”，摒弃了繁复的装饰，追求空间的纯粹和简洁。在现代风格的设计中，空间的布局非常重要，通常采用开放式的布局，减少隔断，增强空间的流动性和通透感。色彩方面，现代风格倾向于使用中性色调，如白色、灰色、黑色以及各种木材的自然色调，这些色彩的运用使得空间显得干

图 10–9 巴洛克风格

净、明亮且具有现代感。在家具设计上，现代风格注重简洁的线条和功能性的设计，常见的家具造型简洁、造型流畅，材料多为钢材、玻璃和皮革等，既体现现代科技感，又保持了舒适性。

表 10-1　根据地域分类的传统风格

地域	主要国家	特征
亚洲	中国	中式风格强调平衡、和谐和对称性。房间中的元素通常布局得非常均衡，以体现中国传统哲学中的阴阳平衡理念。室内通常使用红色、金色、黑色和翠绿等鲜艳的颜色，这些颜色被视为吉祥和富有象征意义。 中式风格的室内家具通常采用木质，如红木、榆木和楠木。家具通常具有精美的工艺和曲线造型。传统室内常常布置绘有山水和花鸟图案的木质屏风，这些屏风不仅具有实用性，还具有装饰性和象征性，用于分隔空间或增加美感。中式室内设计还强调与自然的联系，植物、花卉和岩石经常被用来装饰房间，以创造平和的氛围。 空间习惯利用自然光线，并尝试最大限度地开放空间。窗户通常装饰有纱帘，以过滤阳光，创造温暖而柔和的照明。
	日本	和式风格注重极简主义和自然元素，房间内通常没有过多的装饰和繁杂的家具，以营造宁静和平和的氛围，且偏爱使用天然材料，如木材、竹子、大理石及和纸，尤其是和纸（Washi）。这些材料赋予室内设计温暖和自然的感觉。 房间通常采用榻榻米地板、低矮的家具以及滑动障子屏风。 空间通常使用淡色调，如米白色、浅蓝色和淡黄色，以强调纯净和宁静的感觉。自然光线和植物也在设计中起着重要作用，强调与自然的和谐、极简的美感以及精致的工艺。
欧洲	法国	法国传统室内设计受到巴洛克和洛可可风格的影响，充满了浪漫和奢华，其以精致的家具、华丽的织物、浪漫的颜色而闻名。家具包括雕刻精细的木制家具、镶嵌家具和镜子等，这些家具通常具有曲线和华丽的细节；法式室内通常使用粉红色、淡蓝色、淡紫色和象牙白色这种温馨浪漫的颜色；厚重的丝绸、绒布、蕾丝和花卉图案的布料用于窗帘、床上用品，它们在法国传统室内设计中扮演着重要角色。
	意大利	意大利风格强调精致的工艺和质地，通常使用大理石、石膏和古典建筑元素。意大利的家具和装饰品以其精美的手工制作而闻名，包括大理石桌面、雕刻细致的木制家具和豪华的沙发。这些家具通常采用贵重的木材，如樱桃木、胡桃木和松木，并经过精湛的手艺制作。
中东	摩洛哥	摩洛哥室内设计充满了鲜艳的颜色，如蓝色、红色、黄色和翠绿色，以及象征着摩洛哥传统文化和宗教的几何图案和各种各样的纺织品，创造出充满活力、神秘感和浓郁的文化氛围。
	波斯	波斯风格以其华丽、精致和充满文化历史的特点而著名。波斯的室内设计通常使用高贵的材料，如大理石、玉石、贵金属、象牙、精美的木制家具以及手工制作的地毯和织物。深红、深蓝、翠绿和金色这些颜色常常在织物、地毯和墙壁装饰中出现，以营造出豪华的氛围。波斯风格也常采用传达了文化、历史和宗教信息的花纹、几何图案和阿拉伯文字的装饰，这些装饰出现在墙壁、地毯、家具和装饰品上。
非洲	撒哈拉沙漠地区的国家	这些国家的室内设计强调实用性和天然材料的运用，家具通常使用天然材料，如木材、竹子、皮革、象牙和石头，以及将自然元素引入室内，如植物、兽皮和骨头。非洲传统室内设计强调自然、文化和手工艺等元素，以反映当地社群的价值观和传统。

包豪斯学派的建筑师和设计师，如瓦尔特·格罗皮乌斯、亨利·凡·德·威尔德等，在现代主义风格的发展中扮演了关键角色。瓦尔特·格罗皮乌斯积极提倡建筑设计与工艺的统一，艺术与技术的结合，注重功能、技术和经济效益，强调建筑应适应时代变化和需要。这一时期产生了众多经典的代表性建筑，如纽约古根海姆博物馆（图 10-10）、流水别墅和巴塞罗那德国馆（图 10-11）等。

现代风格以其简约、实用和功能性的特点，成为当代室内设计中不可或缺的风格之一。这不仅是对过去的延续，更是对未来的探索和创新，激发着无数设计师不断追求美与功能的完美结合。

图 10-10　纽约古根海姆博物馆

图 10-11　巴塞罗那德国馆

三、后现代风格

后现代风格作为一种独特的室内设计潮流，起源于 20 世纪 70 年代，其对现代主义的严肃和简约提出了挑战。后现代风格追求打破传统，设计师通过结合各种历史元素和多样化的风格，创造出一种混搭和充满趣味的视觉效果。它强调个人表达和文化多样性，致力于在设计中融入幽默、讽刺和反思，形成一种兼具深度和新奇的艺术表现。

在室内设计中，后现代风格常常采用夸张、变形的柱式和断裂的拱券，或以新的方式组合抽象形式的古典构件。设计师运用非传统的混合、叠加、错位、裂变等手法，同时采用象征和隐喻等手段，旨在创造一种融合感性与理性、传统与现代、大众与专业的建筑形象和室内环境。后现代风格还善于混合和搭配不同的文化元素。例如，在一些后现代的室内设计作品中，可以看到巴洛克式的繁复装饰与极简主义的直线条并存，或者传统东方图案与现代西方家具相互辉映。

后现代主义风格的代表人物包括罗伯特·文丘里、罗伯特·斯特恩、查尔斯·詹克斯等，他们为这一风格的发展和推广作出了杰出贡献。这一时期代表的建筑有母亲的住宅（图 10-12）、宾夕法尼亚州费城公会大楼、印第安纳州哥伦布消防队四号大楼等。

四、新现代主义风格

新现代主义运动，也称为超现代主义或新包豪斯主义，是 20 世纪建筑领域的重要发展潮流，其发展历史可以追溯到 20 世纪 70 年代初期。这一风格融合了现代主义的严谨功能主义、对结构构成的关注和理性因素，同时注重设计师的个人表现和象征性风格。这一时期的风格坚定地维护现代主义传统，同时在设计中充分运用现代主义的基本语言，并丰富和发展了这一风格，体现建筑师对传统的继承与创新的思考，也反映了社会和文化变革的影响。

谈到新现代主义风格，不得不提著名建筑师贝聿铭（I.M. Pei）及其经典作品。他的设计风格简洁明快，注重几何形态的使用，完美体现了新现代主义风格的精髓。贝聿铭在设计中巧妙地融合了东西方文化元素，形成了独特的建筑语言，这种

图 10-12　母亲的住宅

图 10-13　苏州博物馆

理念在他的室内设计作品中同样有所体现。贝聿铭的经典作品苏州博物馆的室内设计融合了传统苏州园林的元素与现代设计理念（图 10-13）。贝聿铭使用简洁的线条和开放的空间布局，创造出既具现代感又保留传统文化韵味的室内环境。在材质上，他选择了玻璃、钢铁和天然石材，使空间既现代又不失自然质感。光线的运用也是该设计的一大亮点，他巧妙地引入自然光，增强了室内空间的明亮度和视觉效果。

五、自然风格

自然风格是一种强调人与自然和谐共生的室内设计风格，它倡导人们"回归自然"，来实现个人身体与内心的平衡（图 10-14）。自然风格的发展历史可追溯到 19 世纪末的工艺美术运动，该运动强调手工艺和天然材料的重要性，鼓励人们回归自然的生活方式。到 20 世纪 60 年代，自然风格在室内设计中逐渐兴起。受到生态和环保运动的启发，设计师开始强调使用天然材料，如木材、织物和石材，以展现这些材料的纹理和天然美感。在自然风格中，有一些重要的人物和设计师，如弗兰克·劳埃德·赖特，代表作品有流水别墅（图 10-15），他的设计强调了建筑与自然环境的和谐融合。

六、混合型风格

混合型风格的室内设计旨在将传统元素与现代实用性相结合，设计师巧妙地将古老与现代、中西方的特色融合，以创造令人惊叹的室内空间。混合型风格的发展历史可以追溯到 20 世纪末至 21 世纪初，特别是在当代社会文化交流日益频繁的情况下，人们开始更加重视跨文化和跨时代的设计。这种趋势得到了全球范围内的建筑师和设计师的积极响应，他们将各种元素融入室内设计，打破了传统的界限，创造了多样化的设计风格。在混合型风格中，设计师展现了多样的创意表现形式。例如，中国古典的屏风、家具和茶几，都可以与现代风格的墙壁、门窗的装饰和新式的沙发进行巧妙搭配。非洲经典的玻璃灯饰及壁饰，既能与东南亚的传统家具等产生共鸣，又能产生独特的效果。

图 10-14　自然风格室内空间

图 10-15　流水别墅

纽约的 Gramercy Park Hotel（图 10-16）就是一个典型的混合型风格空间，其由著名设计师朱利安·施纳贝尔主导设计，他将文艺复兴时期的装饰艺术与现代元素相结合。酒店的大堂装饰华丽，天花板上的手绘壁画与现代艺术品并存，复古家具与当代设计相映成趣，营造出一种时空交错的独特氛围。这样的设计不仅体现了历史与现代的碰撞，也为客人提供了一种全新的视觉和感官体验。

第三节　室内设计的流派类型

室内设计领域涌现出很多流派，每个流派都有其独特的魅力和审美取向。高技派注重科技和现代元素，以创造未来感的室内环境；光亮派强调采用明亮的色彩和光影效果，为室内空间营造生动的氛围；白色派以洁净、简洁的白色为主题，创造纯净和宁静的环境；新洛可可派将洛可可元素与现代设计相结合，创造出华丽而现代的空间；风格派以几何形体和强烈的色彩为特点，打造独具魅力的室内空间；超现实派注重超越现实的艺术效果，创造异常的空间组织和光影；解构主义派挑战传统构图和形式，突破规范，强调个性和创新；装饰艺术派以多层次的装饰和图案为主题，丰富建筑细节。这些流派展示了室内设计领域的多样性和创新性，为人们提供了各种不同的审美体验和设计理念。

一、高技派

高技派，又称高科技风格，其设计理念强调运用最新的科技和材料来创建高度功能性和创新性的室内环境。高技派的设计特点包括清晰的几何形状、金属和玻璃材料的广泛应用、现代设备和智能系统的整合，以及科技元素的可见性。

随着技术的不断进步和创新，建筑和室内设计领域开始融入新的科技元素。在高技派的发展过程中，一些主要人物起到了关键作用，如蓬皮杜国家艺术文化中心（图 10-17）的设计者伦佐·皮亚诺和理查德·罗杰斯。他们的设计风格突破传统，以暴露出来的梁、柱、管线等工业元素，打造出现代工业发展和时代特色的美感。蓬皮杜国家艺术文化中心的室内空间采用开放式布局，消除了传统建筑中墙壁和隔断的限制。这样一来，空间显得更加宽敞和通透，有助于自然光线的最大化利用（图 10-18）。高技派风格中的这种开放性设计，增强了空间的流动性和互动性，符合现代人对开放和共享空间的需求。

图 10-16　Gramercy Park Hotel

图 10-17　蓬皮杜国家艺术文化中心

图 10-18　蓬皮杜国家艺术文化中心的室内空间

高技派在室内设计中的运用不仅是对工业材料和技术设施的展示，更是一种对现代科技和生活方式的赞美。由蓬皮杜国家艺术文化中心，我们可以看到高技派如何将结构美学与功能需求相结合，创造出既富有视觉冲击力又实用的空间。

二、光亮派

光亮派也称银色派，其设计理念以光线和光亮为核心元素。这一流派旨在通过精心策划的照明方案，创造出令人惊艳的室内环境。室内设计师想要夸耀新型材料及现代加工工艺的精密细致及光亮效果，往往会在室内大量采用平面玻璃、曲面玻璃、不锈钢、磨光的花岗石和大理石等作为装饰面材；在室内环境的照明方面，常使用折射等新型光源和灯具，在金属和镜面材料的烘托下，形成光彩照人、绚丽夺目的室内环境。

光亮派的发展历史可以追溯到 20 世纪初，当时电气照明技术的发展催生对光的创造性应用。随着电灯的普及，设计师开始认识到光线对室内环境的重要性。在光亮派的发展中，一些主要人物发挥了关键作用，其中，耶鲁大学建筑学院院长佩利被认为是光亮派的奠基人之一。佩利强调照明对人的情感和心理影响，他的设计不仅注重光线的功能性，还考虑到光线的美感和情感表达，如他在 1971 年设计的洛杉矶太平洋设计中心（图 10-19）。

图 10-19　洛杉矶太平洋设计中心

图 10-20　千禧教堂

三、白色派

白色派是独特的室内设计流派，其设计理念以白色为核心元素。这一流派的名词概念强调使用纯净的白色作为室内环境的主要色彩，以创造出明亮、清爽、纯粹的视觉效果。白色不仅是一种颜色，更是一种设计语言，它能反映出空间的光线、质感和形态。在白色派的设计中，白色常被用作主要色调，营造出一种宁静、清新且开放的氛围。这种风格尤其适合现代都市生活场景，能够有效缓解人们生活中的压力，提供一个让人身心放松的居住环境。

白色派的发展历史可以追溯到 20 世纪初，当时在现代主义设计运动的影响下，设计师开始探索使用白色来表达简约和现代性。白色派的代表人物有埃森曼、格雷夫斯、格瓦斯梅、赫迪尤克等。理查德·迈耶将白色视为表达现代性和纯净性的关键元素，使人产生崇高的敬意和敬畏之心，设计出了千禧教堂（图 10-20）。

在白色派的设计中，光线的运用至关重要。大面积的白色墙面和天花板能够最大限度地反射自然光，使空间显得更加明亮和宽敞。为了避免单调，设计师会使用不同的材质来增加层次感，如亚光和光泽表面的对比，柔软的纺织品与坚硬的家具材质相结合，都能为纯白的空间增添丰富的触感和视觉效果。

在白色派的设计中，功能与美学的平衡是设计师追求的目标。开放式的布局、隐藏式的储物空间和简洁的家具设计，使整个空间不仅美观，而且实用。白色派常常与极简主义和现代风格结合，通过减少不必要的装饰和复杂的细节，突出空间的功能性和舒适性。这种设计风格，无论是在家居还是商业空间中，都展现出独特的魅力和持久的影响力。

四、新洛可可派

新洛可可派融合了洛可可风格的精致和装饰性元素，并与现代审美观念相结合。新洛可可派的设计通常包括曲线形家具、精致的装饰品、柔和的色彩和华丽的织物，旨在创造出优雅且令人愉悦的室内环境（图 10-21）。新洛可可派的发展历史可以追溯到 20 世纪末，这一时期，室内设计师开始回归传统的装饰艺术元素，但同时将其与现代的生活方式和需求相结合。

为了与现代审美接轨，新洛可可派减少了传统洛可可风格中的繁复装饰，而是选择更简洁、流线型的设计，同时保留了其典型的优雅和精致感。色彩运用是新洛可可派的一大亮点。传统洛可可风格偏爱柔和的粉色、金色和象牙白等色调，新洛可可派在此基础上加入了一些现代的色彩元素，如浅灰、淡蓝和薄荷绿。这些色彩不仅让空间显得更为明亮、清新，还增加了现代感。

在新洛可可派的室内设计中，家具和装饰品的选择尤为重要。经典的洛可可家具，如弯腿椅、精致的镜框和雕花边桌，经过现代化处理后，既保留了其历史感，又更符合当代人的审美和功能需求。同时，现代灯具、艺术品和地毯等装饰品的巧妙运用，能够进一步增强空间的整体效果，营造出一种和谐统一的空间氛围。新洛可可派还注重空间的层次感和细节处理。巧妙的空间布局和灯光设计，可以有效地突出设计中的重点和亮点，使整个空间既有纵深感，又显得温馨舒适。

五、风格派

风格派的室内空间设计从色彩到形态，都有着鲜明的个性与特点。设计师常采用几何形状的家具和装饰物，以屋顶、墙壁的凹凸造型以及浓烈的颜色来凸显建筑体量，创造出一种独特的建筑及内部环境。风格派的设计手法强调了形式和空间的重要性，为室内外的一体化构成注入了独特的视觉元素，其发展历史可以追溯到 20 世纪 20 年代的荷兰，以画家彼埃·蒙德里安等为代表的艺术流派。在这一时期，设计师开始尝试将不同风格和时期的元素结合在一起，以实现独特和个性的设计。风格派的代表建筑有格里特·里特维尔德设计的施罗德住宅（图 10-22、图 10-23）。

六、超现实派

超现实派，是一种具有超越现实的室内设计流派。这种风格的设计思想是不规则的空间分布，流动的曲线，强烈的颜色，多变的光线，特殊的家具与装置。超现实派的室内设计，设计师往往会参考当代的材料、造型等元素，来创造一种超脱于现实的情境气氛。这一流派的设计通常适用于需要满足特殊视觉效果要求的展示或娱乐场所。

超现实派的发展历史可以追溯到 20 世纪初，当时欧洲的艺术运动和思想发生了巨大的变革，萨尔瓦多·达利的超现实主义绘画作品崭露头角，迅速影响

图 10-21　新洛可可派室内空间

图 10-22　施罗德住宅

图 10-23　施罗德住宅室内

图 10-24　菲利普·迪雅尔丹的建筑组合

到文学、摄影、雕塑，甚至是建筑领域。菲利普·迪雅尔丹的建筑组合（图 10-24）就反映了对传统审美的挑战，通过独特的视觉语言来表达非现实的主题和情感。

在超现实派的室内设计中，家具和装饰品往往具有独特的造型和不寻常的用途。例如，一把椅子可能看起来像是从熔岩中铸造而成，或者一盏灯可能悬浮在空中，给人一种超乎现实的感觉。设计师通过这种方式，将普通的物品转化为艺术品，使每一个空间都充满了想象力和惊喜。色彩在超现实派设计中也起着至关重要的作用。设计师通常使用鲜艳的颜色和大胆的配色方案，来打破传统的色彩规范。材料的选择和运用也是超现实派设计的一个重要方面。设计师喜欢使用不寻常的材料，或者以意想不到的方式使用常见的材料。空间布局在超现实派设计中也非常独特。传统的对称和规整布局在这里往往被打破，取而代之的是不规则的空间安排和出其不意的设计元素。例如，一个房间的中心可能摆放着一个巨大的雕塑，常规的家具则被巧妙地安置在四周，创造出一种动态的空间感。

七、解构主义派

解构主义派是一种源自 20 世纪 60 年代的哲学观念，以法国哲学家雅克·德里达为代表，这一观念的发展与 20 世纪后期的反传统和反规范思潮有关。这一时期，设计师开始寻求突破传统的框架，将建筑和室内设计视为创新的空间，以超越传统形式和构图。解构主义派的兴起反映了当时人们对固有结构和传统美学的质疑，以及对非传统设计元素的探索。弗兰克·盖里通过自己的作品和理念，推动了解构主义派的发展，强调自由和创新，突破了传统美学的界限，他的代表作品是位于西班牙毕尔巴鄂的古根海姆美术馆（图 10-25、图 10-26）。

八、装饰艺术派

装饰艺术派，以其精致的几何线条和图案而闻名，这些设计元素常在建筑的细部装饰中得以体现。装饰艺术派起源于 20 世纪 20 年代，即在法国巴黎召开的装饰艺术与现代工业国际博览会后出现，之后迅速传播到美国等地。这一流派的兴起受到了当时工业革命和现代化思潮的影响，体现出在经济繁荣背景下人们对艺术装饰的追求。位于伦敦西部的胡佛大楼（图 10-27）是一座装饰艺术建筑，在现代风格的基础上注入建筑文化和历史内涵。胡佛大楼的前身是胡佛公司的制造厂，在建造中借鉴了古埃及的图案和纹样，创造出充满时代气息的环境。

图 10-25　毕尔巴鄂古根海姆美术馆

图 10-26　毕尔巴鄂古根海姆美术馆室内

图 10-27　胡佛大楼

本章习题及答案

第十一章　居住空间室内设计

居住空间是提供个人或者家庭日常起居生活的建筑内部空间，它体现了人们家庭生活方式的具体特征，也反映了社会文明发展水平。居住空间的构成由家庭活动的性质所决定，包括公共活动空间和私密性空间。

公共活动空间（图 11-1）旨在满足家庭成员的共同需求，为他们提供一个综合活动场所，以促进日常社交、亲友聚会等。私密性空间（图 11-2）通常为家庭成员提供独立的、隐私的场所来进行个人活动，包括卧室、书房等安静而隐蔽的区域，家庭成员可以在这些空间中进行个人的自我平衡与调整，以实现身心的放松和恢复。

第一节　居住空间室内设计的原则

一、实用性和经济性统一（图 11-3）

随着生活水平的提高，人们对居住空间的要求也变得越来越高。在室内设计方面，人们开始注重空间的功能性，不仅要美观大方，还要实用合理。因此，在设计过程中，设计师需要考虑居住空间的使用需求，合理划分空间，使其发挥最大的实用性。此外，设计师还需借鉴人体工程学、社会经济学和环境心理学等学科的理论，将相关因素融入设计中，以打造出符合人们需求的宜居空间。在家具设计方面，设计师应着眼于家具的实用性和美观性，使其与整个空间风格相协调。家具设计应符合人体工程学原则，让人们在使用时感到舒适自然。在经济上，设计师需要在保证设计的生产性和有效性的前提下，尽可能地减少材料的损耗，以保证居住者的预算要求。设计师应精准掌控材料运用，以降低设计成本，并确保设计的品质和效果。

图 11-1　公共活动空间

图 11-2　私密性空间

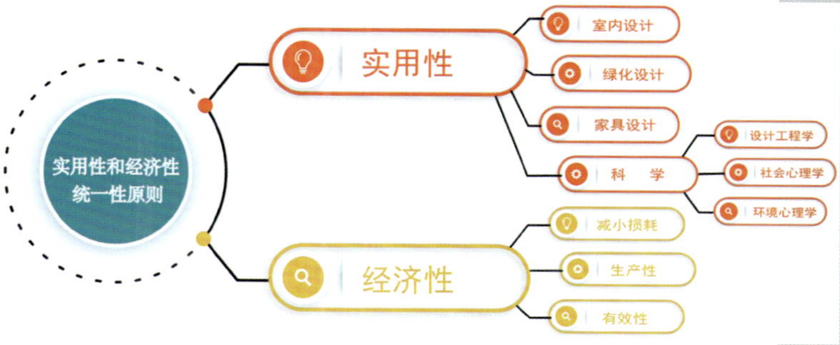

图 11-3 实用性和经济性

二、科学性和艺术性统一（图 11-4）

居住空间设计的科学性和艺术性的统一原则是设计过程中的重要考量。科学性指设计需符合建筑法规、安全标准和环保要求，以确保居住者的生命安全和健康。随着科技的进步，新的工艺和材料不断涌现，为设计师提供了更多可能和创新。艺术性体现在设计师需要追求艺术审美的最高准则，以满足大众不断变化的审美标准。设计师需不断更新审美观念和设计理念，以满足人们对居住空间的需求和期望。

科学性和艺术性在设计中相辅相成。科学性保证了设计的实用性和可行性，艺术性则赋予设计生命和灵魂。比如，无主灯设计将科技与艺术完美结合，为空间增添视觉效果的同时，提升了居住体验的舒适性。设计师需要兼顾这两方面，才能创造出既美观又实用的居住空间。

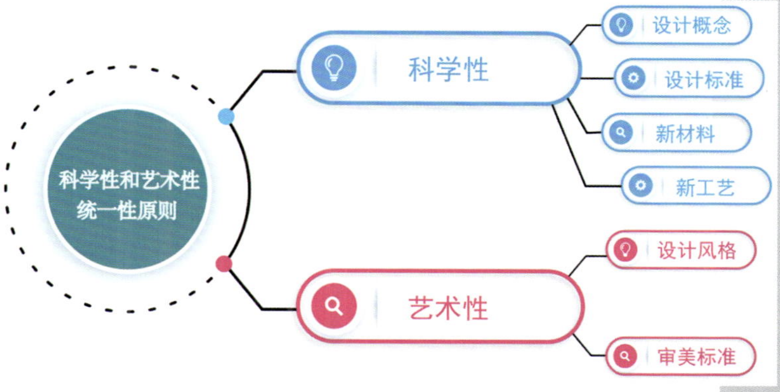

图 11-4 科学性和艺术性

三、个性化和文化性统一（图 11-5）

在居住空间设计过程中，文化因素是不可忽视的一个重要方面。不同的国家、地区和民族有着不同的文化背景和传统，这些文化因素会影响到人们的生活方式和审美观念。比如，中国的传统文化注重“天人合一”，在室内设计中也会体现出这种思想，强调自然和谐的布局和装饰。除了文化因素外，个人喜好和职业也会影响到居住空间的设计。比如，一个艺术家的家中会更加注重艺术氛围和创意性，一个商人的办公室则更加注重实用性和商业氛围。因此，设计师需要综合考虑各种因素，包括文化、个性、职业等，以及空间的实际情况和功能需求，以达到最佳的设计效果。只有这样，才能为客户创造出一个舒适、实用、个性化和艺术化的居住空间。

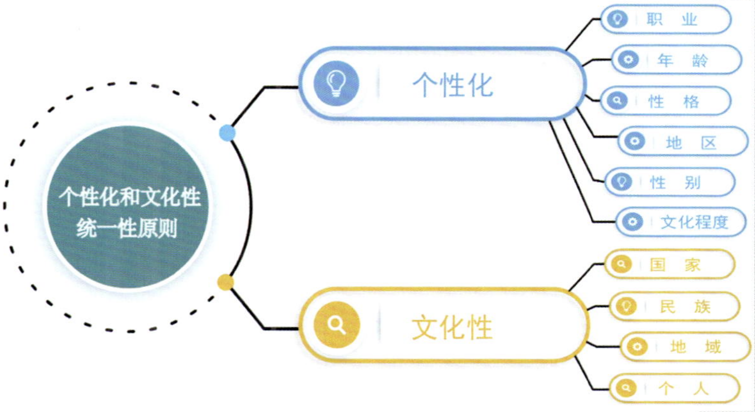

图 11-5 个性化和文化性

四、舒适性和安全性统一（图 11-6）

舒适性是居住空间设计的重要因素之

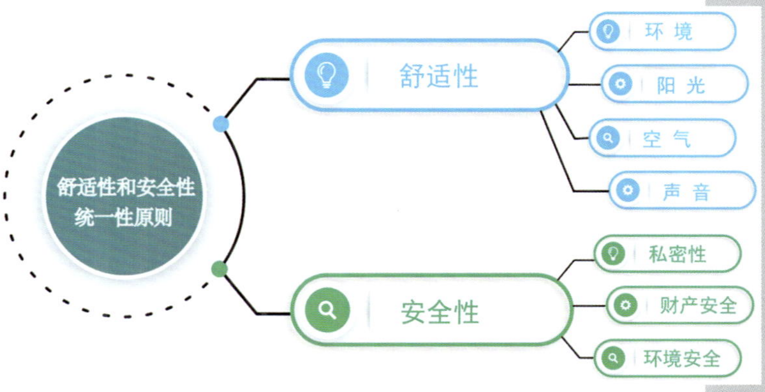

图 11-6 舒适性和安全性

一。人们需要一个环境优美、空气清新、安静悠闲的生活空间来获得身体和精神上的享受。因此，设计师需要在设计中注重空间的布局和装饰，也需要考虑空气质量和采光问题，以及噪声和温度等方面的控制，以提高居住空间的舒适度。除了舒适性，安全性也是重要的一方面，尤其是在城市中居住的人们，他们对于居住空间的安全性越来越注重。在设计中，我们需要考虑到居住空间的安全性，保证人们的生命财产安全，以及个人隐私不被泄露。

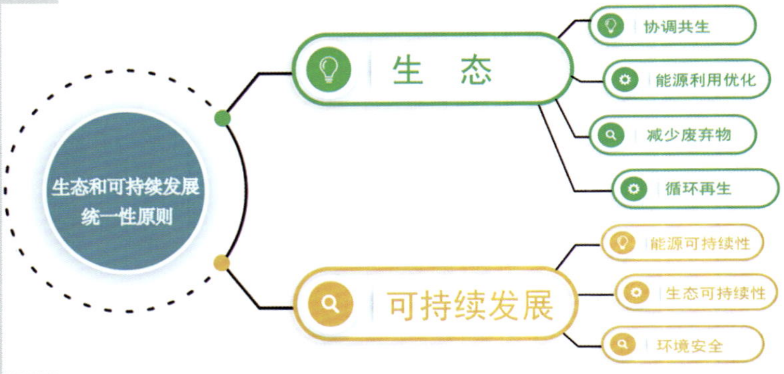

图 11-7　生态和可持续发展

五、生态和可持续发展统一（图 11-7）

如今，人们已逐渐认识到环境恶化所带来的影响，并开始注重生态的可持续发展。在居住空间设计中，设计师开始将协调共生、能源利用最优、废弃物最少、循环再生等原则运用到实践中，注重与自然的平衡。生态可持续性发展是人与自然的和谐发展，在设计中需要考虑节能和有效的利用空间，保持人与环境、人工环境与自然环境相互协调的理念。

第二节　居住空间室内设计的要求与措施

一、使用合理的室内空间组织和平面布局

在室内空间组织方面，设计师应考虑将各个区域进行合理划分，以满足家庭成员的日常活动需求；同时，还要考虑家具的摆放，以确保合理的流线布局，避免拥挤和堵塞，保证通行路径通畅。例如，在一个小型公寓中，合理的室内空间组织和布局可以包括使用可折叠家具（图 11-8）、墙面储物系统等，以最大程度地利用有限的空间。

二、造型优美的空间构成和界面处理

设计师通过巧妙的空间构成和界面处理，以及运用各种设计元素，可以创造出富有深度和美感的居

图 11-8　折叠书架

住空间。比如，利用曲线、对比度和比例等元素，能够营造出别样的空间感受和视觉效果；引入自然光线，使其透过窗户或天窗洒入室内，营造出清新明亮的空间氛围；选择天然木材、石材或纺织品等具有质感的材料，能为室内空间增添质感和品位。

三、合理的装修构造和技术措施

设计师选择装修构造和技术措施时，应考虑材料的易清洁性、耐磨性、耐久性，以及维护成本的低廉性等。例如，选择具有抗菌和防污功能的涂层材料，以及易于更换的地板材料，以减小后期的维护成本。在设施设备的选择上，应考虑节能、环保和高效的照明系统、空调系统和智能家居技术，以提高能源利用效率和居住舒适度；同时，合理安排照明和通风系统，以提供安全、高效和舒适的烹饪环境。

四、符合安全疏散、防火、卫生等设计规范

在室内设计中，应确保安全疏散通道的畅通无阻，并设置适当的安全标识和指示牌，为居住者提供清晰、明确的逃生指示。例如，选择具有防火性能的材料，并安装火灾报警器和灭火设备。此外，合理规划逃生通道和紧急出口，以保障居住者在火灾等紧急情况下的安全撤离。设计师还需要合理规划卫生间和厨房的通风和排水系统，可以减少细菌和病毒的传播，为居住者提供一个更加健康、安全的生活空间。

五、考虑适应性和更新性

在室内设计时，设计师应考虑家庭成员的变化及其需求的演变。例如，在儿童房间的设计中，可以考虑将家具选择为可调节和可扩展的，以适应孩子的成长和变化的需求，如选购一些可以调节高度的床和书桌，以及可拆卸重组的储物柜和游戏桌，这样既可以满足孩子在不同成长阶段的需要，也可以充分利用空间。设计师还应考虑到装修材料和设备的可替换性和可更新性，例如，在选择地板材料时，可以选择拼装式的地板，以便在需要更换时更加方便。室内空间的可调整性也可以通过使用可移动隔墙、折叠门和家具等来实现，以便根据需求进行灵活的布局和功能变化。

六、考虑可持续性发展要求

设计师应该注重节能、节材和环保，选择使用节能设备和节能照明系统，采用可再生和环保材料，以减少能源消耗和环境影响。在室内设计过程中，设计师应考虑利用自然通风和采光，最大程度地减少对人工照明和空调的依赖，这不仅有助于降低能源消耗，还能提高室内空间的舒适度。另外，设计师还应该考虑废弃物的分类和处理，以及水资源的节约使用，通过合理的废物管理和节水措施，可以减少对环境的负面影响，提升室内环境的可持续性。

第三节　居住空间室内设计的内容与设计方法

一、群体生活区

群体生活区，是指满足家庭公共需求的综合活动场所。这种群体区域在精神上代表着伦理关系的和谐，在意识上象征着邻里的合作。所以，待客、休闲、娱乐、用餐等皆以群体生活区为活动空间。

（一）玄关

玄关的概念源于中国，最早出自《道德经》的“玄之又玄，众妙之门”，原指中国道教内炼中的一个突破关口，后来用在室内建筑名称上，意指通过此过道才算进入正室。

在传统的中式民宅中，玄关指的是一道称为“影壁”或“照壁”的墙壁（图 11-9），它是现代家居中玄关的前身。中国传统理念强调内敛和含蓄，具有一种“藏”的精神，“影壁”不仅让外人无法直接看到室内的活动，而且形成了一个过渡性的空间，为来访的客人指引了方向，也给主人一种领域感。这种设计凸显了中国传统文化中的雅致与内敛，展示了家居文化中注重隐私和尊重他人的价值观。

现在，玄关是指居室入口的过渡空间，用于换鞋、更衣，也被称为斗室、过厅或门厅，在现代居室中起着重要的作用，具有实用性和美观性（图 11-10）。玄关设计注重功能和舒适，可能包括储物空间、镜子或座椅等。在住宅中，玄关虽然面积不大，但使用频率较高，是进出住宅的必经之处。

1. 玄关的设计方法

好的玄关设计既注重主人的私密性，为家居带来极强的装饰作用，又具有很强的功能性，如更衣、换鞋、挂帽等。

（1）私密性与过渡性

玄关是入门处的一块视觉屏障，其设计需要充分考虑室内私密性和整体空间的协调性，以确保玄关与客厅区域有良好的融合和过渡效果。好的玄关设计应让人有足够的活动空间，并且要打造出一种隔而未隔、界而未界的半通透氛围，起到既分割大空间，又能保持大空间的完整性的作用。玄关的设计可以采用封闭、半封闭或全开放的形式，它与客厅之间具有连续而非直接的联系，同时要考虑与整体空间的和谐统一，可以用大屏玻璃、格栅围屏或者储藏隔断式的柜体作为装饰，限定空间、满足收纳，并且能很好地构成空间私密性（图 11-11）。

图 11-9 喜洲古镇严家大院影壁

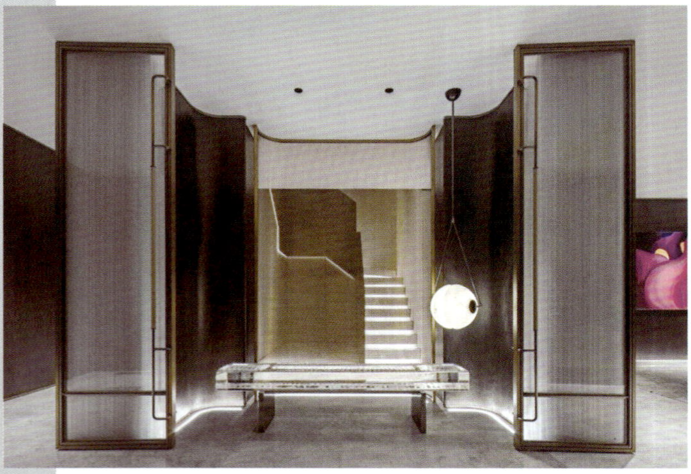

图 11-10 现代玄关设计

图 11-11 玄关设计（一）

（2）功能性

通常来说，玄关与客厅或餐厅相连，但它在功能上与厅还是有所区别，因此需要通过装饰设计来实现功能上的分区。玄关设计应充分考虑其基本功能，如换鞋、放伞、放置随身小物件等，有些纯属观赏性的玄关除外。一般玄关空间不大，家具摆放应不妨碍正常人的出入。在玄关设计中，一般利用吊顶、墙面装饰以及地面的材料和色彩来营造不同的氛围，或通过使用门套、挂落、屏风、柜子等隔断元素来区分玄关与其他区域，并设计合适的收纳空间，以满足不同的功能需求（图 11-12）。

（3）装饰性

玄关是进入居室的第一场所，应是整个家居空间中极具品位的地方之一，力求突出表现。玄关隔断设计的重点往往在于它的"主看面"，即开门入室第一眼看到的地方，因此，应以简洁、明快的手法来体现玄关的特征。在设计时，设计师通常在玄关处创造出个性化、风格化的空间特色，体现文化内涵，烘托艺术氛围。比如，在颜色选择上，以清爽的中性偏暖色为主，很多人喜欢用白色作为门厅的颜色，其实在墙壁上加一些点缀的颜色，如橙色、绿色等，与室外有所区别，也会使整体家居明亮宜人。在灯光方面，选择荧光灯、吸顶灯和壁灯等灯具，在确保足够亮度的同时赋予空间一种高雅的氛围（图 11-13）。

（二）客厅

作为公共空间，客厅的意义不仅在于需要容纳多人，更重要的是它是一个集各种生活设施于一体的活动场所。不同设施既要在功能上相互关联，也要在布局上尽量符合区域划分的原则。

1. 客厅的功能

客厅的使用功能很多，如会客、娱乐、学习、游戏、观影等，这些功能区的划分是与居室中其他功能空间相区别的。如果居室有独立的就餐空间，客厅一般划分为社交娱乐区和学习区；如果居室没有独立的就餐空间，客厅一般划分为就餐区、社交娱乐区和学习区。就餐区应靠近厨房且尽量少用或不用隔断；社交娱乐区则要通道顺畅、简洁、宽敞明亮且具备通透感；学习区靠近客厅一角且大小适宜。尽管没有明显的区域分隔界定，但客厅在整体布局上要合理（图 11-14）。

2. 客厅家具的布局

在客厅中，家具布置的原则是以宽敞为主，最重要的是要给人带来舒适的感觉。客厅的家具数量一般不宜过多，根据空间大小，通常考虑放置沙发、茶几、椅子和视听设备等。客厅的沙发布置有对面式、"一"字式、"L"式和"U"式四种常见方式。

图 11-12　玄关设计（二）

图 11-13　玄关设计（三）

图 11-14　客厅设计

（1）对面式

对于大户型的房子，客厅稍显空旷，如果选择两个体积相对较大的沙发相对摆放，就会使客厅显得大气有档次，特别适合接待客人。对面式的摆放方式，使聊天的主人和客人之间容易产生自然而亲切的气氛，但不适于在客厅设立视听设施。

（2）“一”字式

在客厅，将沙发沿着一侧墙面简单地呈“一”字形排开，对面放置茶几、电视。这样摆放可以节省空间，比较适合小户型空间的狭长型小客厅。

（3）“L”式

“L”式转角沙发（图11-15）通常适合时尚的家居设计，其由多个或单个沙发组合而成，可有效利用空间，具有可移动性和可变性，也可根据需要灵活调整布局，使客厅始终保持新鲜感。然而，需要注意可移动家具的固定情况，以免在使用过程中发生位移。

图11-15 “L”式沙发

（4）“U”式

“U”式摆放的沙发一般由三人沙发、双人沙发和两个单人沙发组合而成，往往占用的空间比较大，因此，其使用起来舒适度也相对较高，特别适合人口较多的家庭，一家人围坐在一起，交流起来十分方便。“U”式沙发自身具有隐形隔断的作用，无形之中将客厅的边界划分出来，围合出一定的空间，形成一种相互呼应的格局。

3. 客厅立面墙设计

客厅立面墙的整体造型规划需要根据业主的装修风格与墙面效果进行独特的搭配设计（图11-16）。在设计过程中，设计师可以根据电视机的尺寸和整体空间大小来确定墙面的分割尺寸。电视机的位置应与室内的家具布置相协调，先要确定家具的摆放位置和尺寸，再确定背景墙的位置和大小。另外，整体墙面规划还应考虑设计收纳单元以满足日常生活需求，同时避免尖角、凸出棱角和无意义的杂乱分割，以免带来不便。

图11-16 客厅立面墙设计

4. 客厅的色彩及材料搭配

如果客厅朝南，会有充足的阳光照射，因此可以选择偏向冷色调的装饰；如果客厅朝北，阳光照射较少，建议考虑使用偏向暖色调的装饰。客厅的整体色调主要通过地面、墙面和顶面来一同展现，装饰品和家具等则可以用来调和、补充和点缀整体色调。一般来说，在客厅分区中，学习区光线透亮，采用偏冷色，以减弱学习疲劳；就餐区采用偏暖色，使家人或亲友相聚增加温馨感；社交娱乐区既要有不变的基调，也可点缀跳跃的色彩形成活泼感（图11-17）。

图11-17 客厅的色彩设计

木地板具有自然的纹理，冬暖夏凉，易铺装；地砖花色众多，清洁方便，导热性好，因此客厅地面用材常

图 11-18　客厅地面设计

图 11-19　客厅墙面设计

选用木地板或者地砖（图 11-18）。另外，在客厅休息区内的地面铺设地毯也很常见，但需要定期使用吸尘器进行清洁。客厅墙面除使用乳胶漆外，墙纸、硅藻泥也是很好的选择（图 11-19）。此外，主墙面的装饰设计也常会用到木材、文化石、金属、玻璃等材质，甚至有使用外墙面砖的，材料不拘一格。客厅若不做吊顶，顶棚则可用乳胶漆刷涂、滚涂或喷涂，或贴顶纸。若做吊顶，可以选择石膏板、矿棉吸声板等作为吊顶材料，辅材有木材、装饰玻璃等。

（三）餐厅

餐厅是家居环境中使用率较高的场所之一，通常用于家人用餐、娱乐等。在现代化的家居设计中，餐厅不仅要承担起提供舒适、轻松就餐环境的基本任务，还要发挥连接各个空间的重要作用。因此，餐厅的设计也逐渐追求更高的审美和艺术价值，成为家居空间中展示主人品位和文化内涵的重要手段。设计师通过合理的布局和装饰，将餐厅营造出不同的氛围和风格，如简约、田园、中式等，以满足用户不同的需求和喜好。

1. 餐厅的布局

（1）独立式餐厅

独立式餐厅的位置应该靠近厨房，而餐桌、椅子和柜子的尺寸和布置应与餐厅的空间大小相适应（图 11-20）。例如，对于方形或圆形的餐厅，可以选择相应形状的餐桌，并将其居中放置，同时要考虑使用者的运动规律，以确保动线的合理性。

（2）通透式餐厅

通透，是指厨房与餐厅合并，虽同处一个空间，但各自有各自的区域。这样的布局可以确保用餐时上菜便捷，同时能够充分利用空间，非常实用（图 11-21）。需要注意的是，不能让厨房的烹饪活动受到干扰，也不能破坏用餐时的愉快氛围，最好使厨房和餐厅有自然的隔断或使餐桌布置远离厨具，或者采用不同的颜色或质感的地砖加以分隔，或者区分餐桌上方的照明灯具与照明方式，突出一种隐形的分隔感。

图 11-20　独立式餐厅

（3）共用式餐厅

共用式餐厅常见于小户型住宅，是一种将客厅、门厅或厨房作为餐厅的形式（图 11-22）。在这种布局下，最合适的就餐区位置是邻近厨房且靠近客厅，这样既可以缩短膳食供应和就座进餐的行走路径，也能避免食物溅洒弄脏地板。餐厅与客厅之间可以采取灵活的处理方式，如使用壁式家具作为闭合式分隔，或者使用屏风、镂空隔断来实现半开放式的分隔。需要注意的是，餐厅要与客厅的格调保持协调统一，且不妨碍通行。

2. 餐厅的设计方法

（1）顶面

餐厅的顶部设计应呈现出一种简约、清洁的感觉，可以考虑与墙面进行一体化装饰。有时，适当降低吊顶的高度，并辅以合适的灯具，可以给人一种亲切的感觉。顶面与地面设计在形状上可以上下呼应，以营造围合的气氛。

（2）墙面

在设计时，可以将一面主墙面进行特色装饰，齐腰位置考虑用耐磨的材料，选择一些局部护墙处理，防止弄脏墙面。在餐厅的墙面装饰上，建议选择能够营造清新、优雅氛围的色系，并使用橙、黄等颜色进行点缀，以增加用餐者的食欲，给人一种宽敞舒适的感觉。

图 11-21　HarrisonStreet 住宅 通透式餐厅

图 11-22　共用式餐厅

（3）地面

为了方便清洁，餐厅不宜选择地毯等不易清洁的材料。相反，建议选择表面光洁且易于清洁的材料，如大理石、地砖、地板等。地面可以拼花或者采用与其他区域材质质感不同的地砖加以区分，营造无形的领域感，但不宜做过度高差变化，以保证安全。

（4）家具

餐厅家具最重要的就是桌椅组合，不同的桌椅造型，以及不同的风格、颜色、质感，给人的感受也不同，设计时应选用适合整体家居风格的餐桌椅。餐椅坐面尽量选用软包以增加舒适性。

（5）灯具

餐厅的主照明应在餐桌正上方。灯具造型适合整体家居风格，不要烦琐，但要有足够的亮度。辅助照明可以采用射灯，以营造温暖的氛围，打造个性品位空间（图 11-23）。

（6）装饰

在餐厅中，可以根据具体情况灵活地安排字画、壁挂和特殊装饰物品，用以点缀环境。需要注意的是，不要过多地使用这些装饰物品，以免喧宾夺主，使得餐厅显得杂乱无章。适度的装饰可以提升餐厅的氛围，但要确保整体的协调和整洁。

（四）书房

1. 空间规划和布局

书房作为一个需要提高效率和兼具舒适性的空间，其规划与布局需要精心策划（图 11-24）。通常，书房被划分为工作区、阅读区和储物区。工作区主要包括书桌和椅子，应确保光线充足、通风良好。阅读区可以配备舒适的沙发或扶手椅，再搭配柔和的照明，创造出轻松且护眼的阅读环境。储物区则主要由书架和储物柜构成，要能满足日常文件和书籍的存放需求。如果书房靠近嘈杂的区域，还应考虑隔音问题。

2. 家具和装饰

在家具和装饰的选择上，设计师需要考虑材质和色彩的搭配。书桌和书架通常选用天然木材，既环保又耐用，椅子的舒适度与支撑性也需要考虑。在材质选择上，大理石、金属、玻璃等材质可以用于装饰，增加空间的品质感（图 11-25）。在装饰方面，我们可以选择能够激发灵感的装饰品，如绿植、艺术品或者照片墙；要注意避免过于拥挤，保持空间的整洁感。

3. 颜色和材料

颜色和材料的选择对书房的氛围营造起着至关重要的作用。我们可以选择温暖、柔和的颜色，如蓝色、绿色或者灰色，这样可以给人一种舒适感。在材料方面，尽量选择天然材料，如木材、石材，它们既环保又具有自然美感。避免选择刺眼的颜色或者廉价的人造材料，以免影响整体的品质感。

4. 储物和整理

储物柜和书架的选择应该充分考虑储物的需求，合理分区，确保文件、书籍等物品有序存放。书架可以采用墙壁整体设计，即充分利用垂直空间，整面墙进行定制式设计；或采用多层次设计，即在书架上设置不同高度的隔板，以适应不同高度的书籍和文件等；或选用嵌入式设计，如镶嵌式书柜（图 11-26）、地台储物等。在体积较小的收纳上，可以采用桌下抽屉、收纳盒、悬挂式书架等。

5. 个性化设计和细节处理

书房是思考和创作的空间，因此个性化设计尤为重要。将书房设计成符合个人喜好和兴趣的空间，可以增加舒适感。例如，可以考虑智能家居系统，控制照明、窗帘等，提高便捷性；也可以考虑

图 11-23　餐厅

图 11-24　书房的布局

图 11-25　书房家具与装饰

图 11-26　镶嵌式书柜

定制化书桌、书架等家具，以适应特定需求和空间。细节处理也至关重要。例如，在电源插座和网络接口的位置设置上，要考虑电器设备的摆放，确保供电和连接的便捷性。

二、家务工作区

（一）厨房

随着人们生活品质的提升，厨房空间逐渐受到人们更多的关注。厨房不仅是一个烹饪的场所，更是展现建筑水准和居住文明的重要一环。因此，合理的厨房设计对整体居住环境和居住质量具有直接而深远的影响。

1. 厨房的空间规划

在厨房的空间规划上，需要根据操作流程顺序来规划功能区域的平面布局，使各项工作活动井然有序，减少交叉干扰（图 11-27）。例如，厨房中的烹饪、清洗和储存区域应该构成一个合理的工作三角，即炉灶、水槽和冰箱之间的距离应该足够近，以减少人们移动的距离，提高工作效率。在炉灶、水槽和工作台之间，应该有足够的空间供人们自由活动，这样在烹饪和清洗时就不会相互干扰，保证用户操作的流畅性。我们需要重点关注功能分区和人流流线的整合，使用户操作更加高效。

2. 材料与技术应用

在厨房材料的选择上，设计师应考虑易清洁性、环保性和可持续性等，如台面材料可选择石英石（耐磨、抗污染、易清洁，无放射性污染）、大理石（优雅高贵，但需要定期密封以防污染）、不锈钢（耐用、易清洁，常用于商业厨房）；地板材料可选择地砖（耐磨、易清洁，选择防滑款以确保安全）、强化地板（耐水、易安装，但需要避免长时间浸泡）、地板砖（防滑、易清洁，是常见选择）；墙面材料可选择环保涂料（不含有害物质，可降低室内甲醛等有害气体的含量）、可降解壁纸（采用可降解的纸张材质，环保且易清洁）。

在技术上，设计师应关注绿色建筑和可持续性设计的最新趋势，加入可回收利用和资源节约的设计理念。例如，使用 LED 灯具比传统灯具更节能；智能家电能够根据使用需求自动调整能耗；配备传感器的水龙头能够在不使用时自动关闭，节水效果显著；嵌入式垃圾分类桶，可方便用户进行垃圾分类，促进资源回收利用，厨余垃圾处理机能够将厨余垃圾高效地转化为有机肥料，减少垃圾填埋的需求；智能温控系统可根据厨房内外的温度、湿度自动调整空调和通风系统，实现能源的智能管理。

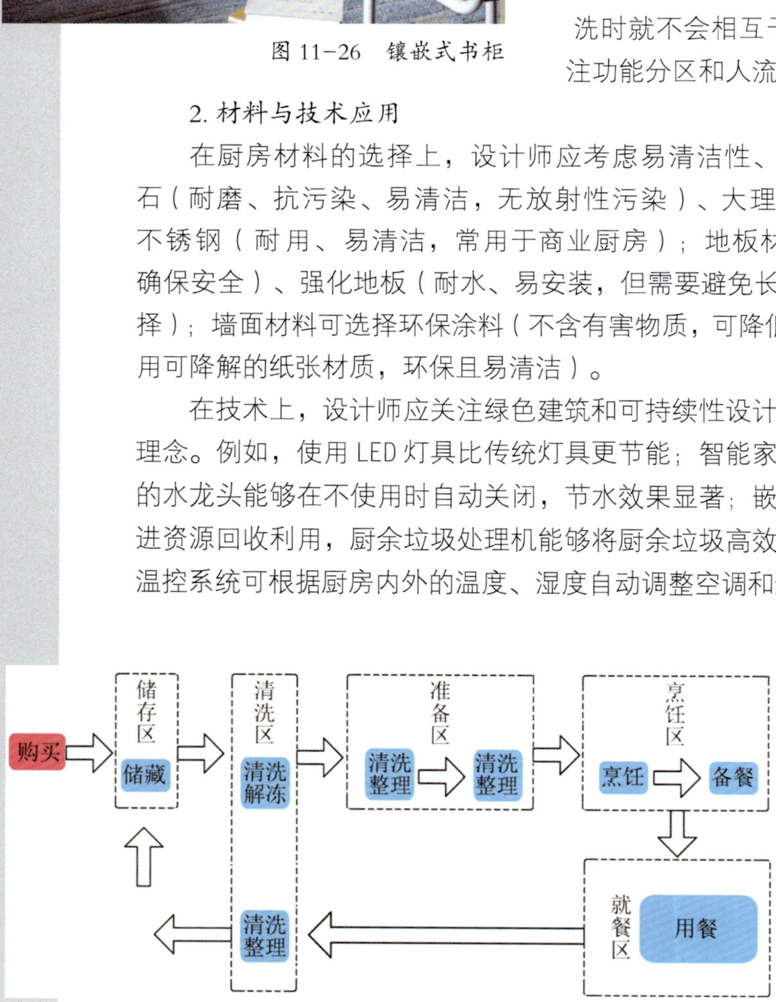

图 11-27　厨房空间操作流程

3. 照明与氛围营造

分析厨房照明的功能需求，配备光照强度合适的光源，以确保每个工作区域都有足够的明亮度。完善的照明设计对于厨房设计的安全性和舒适性都有极大提升。另外，色彩心理学在厨房设计的应用中也非常重要，如红色可以增加食欲，但过多的红色可能会引起不适，因此在厨房中可以用作小面积点缀，可以考虑椅子、餐具或装饰品；蓝色能够降低食欲，但适度的蓝色可以营造清新、舒适的感觉。一般人对不同色相的温度感与心理反应见表 11-1。

4. 卫生与安全

厨房的卫生与安全非常重要，我们需要关注材料科学和卫生工程学的最新研究，选用抗菌性能好的材料，以确保厨房易清洁、无菌，并减少细菌滋生。在设计中，尽量不要出现缝隙和凹槽；选择平滑、不吸水的材料表面；优化水槽、龙头等连接部位的设计；保证厨房有良好的通风系统，加强空气流通，减少空气中的湿度；使用新型抗菌涂层覆盖厨房台面、橱柜等表面。这些措施可减少细菌藏匿的空间，降低霉菌和真菌滋生的可能性，保持厨房环境的卫生。另外，厨房安全不可忽视，如防火、防滑、防烫等，以及紧急情况下的处理方法，这些都要在设计中考虑到。

表 11-1　一般人对不同色相的温度感与心理反应

色相	温度感	心理反应
红	温暖	热情、危险、喜庆
橙	非常温暖	快乐、温情、明朗、积极
黄	非常温暖	明快、光明
绿	中性	和平、理想、成长、希望
蓝	冷	沉静、凉爽、理性
紫	冷	高贵、中性、优雅
白	无	干净、纯洁、朴素
黑	无	严肃、孤独

（二）储藏室

家务工作区储藏室作为室内设计的关键组成部分，旨在提供高效、有序的储存空间，优化家庭日常物品管理。设计储藏室应考虑空间利用、储物方式、材料选择等因素，确保其既实用又美观。

1. 设计原则

（1）空间规划与布局

采用功能分区，将储藏室划分为不同区域，如清洁用品、工具、季节性物品等，这样便于分类储存和查找。储藏空间在规划时，应分析家庭成员的需求，考虑人体尺度，量身定制储藏室空间，确保合理的储物规划，包括定制储物柜、抽屉和壁挂式储物系统。

（2）材料与耐久性

选择环保、耐用的材料，如抗潮湿、防腐蚀的实木、不锈钢等，以确保储藏室长期使用且易于清洁。应用科技材料，如智能感应照明系统和温、湿度控制装置，提高储藏室的智能化程度。

（3）通风与光照

采用通风窗或通风设备，防止储藏室潮湿和有异味。充分利用自然光，合理设置窗户或使用透明材料，减少人工照明。

2. 设计内容

（1）定制储物系统

独立设置的储藏室通常用于存放日用品、衣物、棉被、箱子和杂物等，这些储藏室一般朝向和通风较差。为了优化室内环境，常见的设计方案是采用“U”形（图 11-28）或“L”形柜（图 11-29），将储藏空间分解为多个小区域，以便灵活储物。

（2）智能化储存

使用温、湿度传感器实时监测储物空间的环境，防止物品受潮等，以保证物品品质；应用图像识别技术，将物品自动分类，并提供智能的存储建议，协助业主更好地组织空间；使用智能照明系统，当用户打开储物柜或抽屉时，照明系统自动开启，提高可见性和便捷性。

图 11-28 "U"形储物柜

图 11-29 "L"形储物柜

（3）美学与功能结合

在设计储藏室时融入设计元素，如艺术装饰、美学储物箱等，使储藏室不仅实用，也具有美感，与整体室内风格协调一致。

综上所述，家务工作区储藏室的设计应当以家庭需求为中心，结合功能分区、智能化技术和美学设计，创造出既实用又具有审美价值的空间。这种设计既符合用户的实际需求，也体现了室内设计的专业性和创造性。

三、私人生活区

良好的私人生活区有助于促进家庭成员的社交互动，提高居住者的生活满意度，进而促进整个社区的和谐发展。

（一）主卧

主卧在整个家庭生活中扮演着极为重要的角色。作为私密性空间，主卧不仅提供了主人独处、休息的场所，更直接影响主人的身心健康和睡眠质量。一个舒适、温馨的主人卧室不仅能帮助主人放松身体，缓解日常压力，还能提高生活的幸福感。此外，主卧的设计是主人个性和品位的直接体现，从颜色、材质到家具摆放，每个细节都能展现主人的审美观和生活态度。

图 11-30 卧室隔断屏风

1. 卧室的私密性设计

（1）私密性的巧妙设计

私密性设计的核心目标是消除住户在卧室中可能遇到的一系列私密问题，从而确保主人在休息时能够自在舒适，无须担心外界干扰，为住户创造一个宁静、安全的私密空间。我们可以利用家具、屏风、壁柜等元素，设计多层次的隐私屏障。例如，在床头设置一个隔断屏风，既可以区分休息区，又不会影响整体空间的开放感（图 11-30）。

（2）个性化需求的智能实现

设计师也可以将智能技术融入私密性设计。例如，通过手机应用或语音控制，实现窗帘、隐私玻璃的自动调节，根据主人的习惯和需求，确保光线在舒适范围内波动，提供恰当的明暗度，使主人可以随时根据需要调整私密度。在此基础上，可以设计个性化场景模式，如“休息模式”“工作模式”等，一键切换房间氛围和设备状态，提供定制化的空间体验。针对主人的个性化需求，可以设计专属的私密空间，如嵌入式沙发角、吊床窝等（图 11-31）。

2. 材料和纹理的搭配

（1）实木家具的优雅感与耐用性

橡木和胡桃木是两种常见的实木家具材料，它们具有较高的硬度和出色的耐磨性。用这些木材制成的床、床头柜和衣柜等家具，不仅能展现出一种优雅的美感，还具有很好的耐久性和稳定性。此外，实木家具的天然木纹，不仅凸显了木材的纹理和质感，也营造了自然的氛围。手工雕刻是传统的家具制作技术，可以增加实木家具的艺术性和独特性。

（2）金属家具的现代感与独特性

不锈钢和黄铜是两种常见的金属家具材料，它们具有现代感和独特的金属质感。金属表面采用拉丝工艺，形成细腻的纵横交错的线条，赋予金属家具独特的质感；或者对金属家具的表面进行抛光，使其具有镜面般的光泽。这种反光效果不仅增加了家具的豪华感，也能够反射周围环境，增加空间的明亮度。此外，将金属与实木相结合，可以创造出独特的家具设计。例如，金属书架搭配皮质沙发，既美观大方，又充分发挥了两种材料的优势（图 11-32）。

（3）软质家具的舒适度与温暖感

天然纤维是软质家具中常用的填充材料，如羊毛和丝绸。这些材料具有良好的透气性和柔软性，能够提供舒适的坐卧体验。在软质家具的装饰上添加精致细节，如绣花或手工缝制的图案，可以为家具增添独特的个性和艺术感。这种设计不仅能够体现手工艺术的精湛技艺，还能够营造出温馨舒适的家居氛围。

（4）复合材料的多样性与实用性

复合板材是一种常用的家具材料，具有质地坚硬、不易变形等优点。需要大面积板材的家具，如书柜或储物柜，可以选择复合板材，以提高承重能力和耐用性。此外，复合材料可以通过印刷技术模仿

图 11-31　HarrisonStreet 住宅卧室

图 11-32　卧室一角

木材的纹理，使家具看起来像实木制作的，这种仿真效果不仅经济实惠，还能创造出木材的自然美感。

3. 窗帘和窗饰

选择高质量的窗帘布料，如天鹅绒或亚麻，增加居室的品质感。纹理可以选择简约的纯色或具有细致图案的款式。如果使用窗框，可以根据整体风格选用对应材质，如木材或金属。

4. 卧室开放性的艺术呈现

使用透明或半透明的材料，如玻璃、亚克力板等，打破实体界线，创造出视觉上的延伸。例如，在卫生间区域使用半透明玻璃隔断，既保证了私密性，又不失开放感。充分利用自然光，通过天窗、大窗户等，阳光可以穿透整个空间，消除了封闭感。搭配合适的窗帘或遮阳板，可以在需要时调节光线强度，创造出极富韵律感的空间。构建具有引导性的空间流线，使卧室的不同区域在视觉上有序排布。例如，通过地面花纹、家具摆放等，引导视线从休息区到工作区，形成自然而流畅的空间体验。

（二）儿童卧室

儿童卧室的设计是整体家居规划中不可忽视的一环，儿童卧室不仅是孩子们安心入眠的地方，更是他们自由学习和愉快游戏的场所。因此，在儿童卧室的装饰中，必须融入激发儿童创造力的元素，同时考虑儿童的个性特点、年龄阶段、兴趣爱好，以及其他相关因素进行合理布局。卧室内应具备专门的学习区域、舒适的睡眠角落以及丰富多样的娱乐空间（图 11-33）。

1. 色彩心理学与儿童心理健康

儿童通常对色彩有着比成年人更高的敏感度，设计师在规划儿童卧室时，需要充分考虑色彩的选择和搭配，以创造一个舒适且具有启发性的环境。这样可以有助于塑造儿童积极向上的性格，并培养他们

图 11-33　儿童卧室

正确良好的审美观。在设计儿童卧室时，应尽量选择温暖、明亮的色彩，如红色、橙色等，能够激发儿童的活力和愉悦感，促进社交互动，增强自信心；利用柔和的色彩缓解紧张情绪，如蓝色、绿色等，能够降低儿童焦虑和冲动，创造安静、放松的环境。需要注意的是，使用过于鲜艳的色彩组合可能会对儿童尚未完全发育的视神经造成伤害，还可能引发他们的焦虑和不安全感。

2. 人体工程学与儿童卧室布局

在儿童卧室设计中，人体工程学是一个至关重要的考虑因素。床的高度应该与儿童的身高相适应，既便于上下床，又能够避免摔落的危险。床的边缘应该圆滑，避免尖锐边角，防止儿童碰伤。学习桌椅的高度应该使儿童的手、腰、膝盖都处于舒适的位置，保持正常的坐姿，宽度应该足够容纳书籍、文具和电子设备等。在选择家具时，需要考虑到它们的耐用性和安全性，以满足长期使用的要求。另外，儿童的兴趣和需求随着年龄的增长可能会发生变化，因此，家具的设计也应该具备一定的灵活性，以便在短期内进行调整或更换。这种灵活性可以通过模块化的家具设计来实现。

3. 安全性与儿童卧室设施

在儿童卧室的设计中，安全性是关键因素之一。床的两侧应安装防护栏，避免儿童在睡梦中摔落，确保他们的睡眠安全。床品应选用无害、易清洁的材料，避免过敏反应，并定期更换，以保持床品的卫生。除家具和装饰品的边角应采用圆滑设计外，家具、窗帘和其他装饰品应固定牢固，避免因儿童触碰而倾倒或掉落，如果房间内有儿童游戏区，地面应铺设防护地垫，避免儿童跌倒受伤。

此外，应采用儿童安全插座，避免儿童将物品插入插座，减小触电风险。在照明设计上，软光源的使用可以避免刺眼的强光，为儿童提供舒适的环境，照明设施可以考虑使用遥控开关，方便儿童就寝时关闭灯光，减小夜间活动的危险。

科学合理地设计儿童卧室对孩子的健康成长、独立生活能力的培养以及智力的启迪具有十分重要的意义。这样的设计有助于提供一个舒适、安全且具有启发性的环境，促进孩子的全面发展。

本章习题及答案

第十二章　商业空间室内设计

商业空间就是商业活动所需的各类空间，它是人类活动空间中最复杂多变、多元化的空间类型之一。商业空间室内设计具有广义和狭义之分，广义的商业空间室内设计可理解为所有与商业行为、活动相关的空间环境设计；狭义的可理解为，商业活动所需的空间室内设计。随着人类社会的不断进步和市场经济的迅速发展，现代商业空间的综合功能和规模不断扩大，如宾馆酒店、餐饮店、娱乐场所、专卖店、博物馆、展览馆等空间均属于商业空间设计的范畴。

第一节　商业空间室内设计的原则

商业空间室内设计，通俗来讲就是对一些商业用途的建筑进行内部空间设计，其设计重点要展现功能要求，如选择哪种风格，要展现哪种鲜明特点，这些都是商业空间室内设计要考虑的重点。因此，在进行商业空间设计时，通常要遵循以下几个原则。

一、和谐性原则

商业空间室内设计的和谐性原则指的是在商业空间设计中追求整体和谐与平衡，使环境、功能、美学等方面相互配合，达到用户满意度和经济成本的最佳结合。商业空间的和谐性是指在满足建筑功能需求基础上，使室内的形、色、光等方面保持风格统一，元素之间相互呼应让整体空间表现出高度的和谐，最大程度体现出空间的活泼、和谐以及生动优美的韵味，从而让人在视觉或心理感受上得到享受。缺乏和谐性的设计可能会给人带来压抑或单调的感受，因此，和谐性是商业空间设计的重要原则之一。

二、功能性原则

商业空间室内设计的功能性原则是指在商业环境中设计和规划功能区域，以满足不同业务需求，并为人们提供高效、便捷的工作和购物体验。商业空间设计布局要符合人流的动向，使顾客进入空间后有舒适的活动空间。通道要保持顺畅，要尽可能避免迷宫式通道，多采用环形通道。商业空间是流动的空间，要设计出一条理想的客户购物路线，引导消费者一层一层深入，从而达到商业空间设计的最终效果——在为消费者提供舒适顺畅消费通道的同时，也为商家带来更大利润，实现共赢。

三、人性化原则

商业空间的设计应依据购物环境、顾客需求的变化而不断改变。人性化设计是现代商业空间氛围营造过程中应遵循的设计原则。以人为本是新时代商业的必然要求，在商业空间设计中，顾客的需求与感受不容忽视。商业空间设计的人性化主要围绕商场经营、商品、消费者三者展开，要求根据不同群体与目标进行全新定位。

第二节　商业空间类型及特点

一、宾馆酒店

宾馆酒店是旅行者在外出时的临时住所，也是人们进行商务会议、休闲度假和特殊活动的场所。宾馆酒店可提供各种房间类型和设施，包括客房、会议室、餐厅、健身房、游泳池等。宾馆酒店的设计与布局直接影响到客人的住宿体验，因此，宾馆酒店通常注重舒适性、便利性和个性化服务。在宾馆酒店设计中，需要考虑的因素包括客房的布局和装修风格、大堂的设计和装饰、餐厅的氛围和菜单、会议室的设施和技术支持等。不同类型的宾馆酒店会有不同的设计风格和定位，如豪华酒店可能注重奢华感和高端氛围，经济型酒店则可能更注重实用性和经济性。无论是哪种类型的宾馆酒店，其设计都应该符合客户的需求和预期，以提供优质的服务和舒适的住宿条件。

（一）酒店类型

1. 商务型酒店

商务型酒店是专门为商务旅客提供服务的酒店，其设计和服务注重满足商务旅客的需求和期望。这种类型的酒店通常位于商业中心地带或交通便利的位置，便于商务旅客前往商务会议、展览或办公地点。其设计和装修风格通常简约大方，注重实用性和舒适性。客房内设施齐全，配备了互联网、宽敞的工作台、国际电话、会议设施等，以满足商务旅客的工作需求（图 12-1）。此外，商务型酒店还提供各种商务服务，如会议室租用、传真复印、快递收发等，以满足商务旅客的各种需求。

2. 度假性酒店

度假性酒店是专门为度假旅客提供服务的酒店，其设计和服务注重为客人提供放松、休闲和娱乐的环境。这种类型的酒店通常位于风景优美、环境宜人的地区，如海滨、山区或乡村等，以提供给客人度假休闲的理想场所。其设计和装修风格通常注重与自然环境的融合，建筑风格轻松自然，与周围景观和谐统一。酒店内部通常设有花园、游泳池、水疗中心、健身房、高尔夫球场等娱乐设施，以满足客人的各种休闲娱乐需求。酒店提供丰富多样的度假活动和项目，如海滩瑜伽、山地徒步、水上运动、SPA疗程等，让客人尽情享受度假时光；酒店还提供高品质的餐饮服务，如为客人提供美味的当地特色菜肴和国际美食（图 12-2）。

图 12-1　桂林新城商务酒店

图 12-2　越南会安南海四季度假酒店

3. 会议性酒店

会议性酒店是专门为商务会议和商务活动提供服务的酒店，其设计和设施注重满足会议、展览、培训等商务活动的需求。这种类型的酒店通常位于城市中心或商务区，便于客人的交通和会议活动的举办。会议性酒店的设计和布局考虑了人们的各种需求，通常拥有宽敞的会议厅、会议室、展览厅、多功能厅等设施，配备先进的音视频设备和互联网接口，以满足不同规模和类型的商务活动。酒店的客房设计也考虑了商务客人的需求，提供舒适的客房和便利的设施，如办公桌、会议电话等（图 12-3）。

4. 观光型酒店

观光型酒店主要为观光旅游者提供服务，多建造在旅游点，其不仅要满足旅游者食住的需要，还要满足旅游者休息、娱乐、购物的综合需要，使游客的旅游生活丰富多彩，得到精神上和物质上的享受（图 12-4）。

图 12-3　上海环球港凯悦酒店

图 12-4　三亚艾迪逊酒店

图 12-5　杭州临安万豪酒店

5. 品牌连锁酒店

品牌连锁酒店是指以特定品牌名义，由一个公司、集团或者特许经营者管理的连锁经营酒店。它们以统一的品牌形象和服务标准为特征，无论在哪个城市或国家，客人都能轻易辨识。品牌连锁酒店通常实施严格的质量控制和管理，确保服务质量的一致性和稳定性。它们还提供会员计划和优惠，吸引客人的重复入住，且拥有完善的管理体系和运营流程，以确保酒店的高效运营和客户满意度（图 12-5）。

（二）酒店的等级划分

酒店的等级划分是根据其设施设备、服务水平、管理质量等因素对酒店进行评定和分类的系统，通常分为星级酒店和非星级酒店两大类。星级酒店按照星级标准（通常是一到五颗星）对酒店进行评定，评定标准包括房间设施、餐饮服务、会议设施、卫生条件、服务质量等方面。星级酒店分为经济型、舒适型、高档型、豪华型等等级，其中豪华型星级酒店设施设备齐全，服务水平高，是高端客户的首选。非星级酒店则是指未参与星级评定的酒店，其服务水平和设施设备可能有所不同，但通常更具有当地特色和个性化服务。我国是根据《中华人民共和国旅游涉外酒店星级标准》，按一星、二星、三星、四星、五星来划分酒店等级的。五星级为最高级，在五星级的基础上，再产生白金五星。酒店的星级是按其建筑、装潢、设备、设施条件和维修保养状况，管理水平和服务质量的高低，服务项目的多少，进行全面考察，综合评价后确定的。

（三）酒店流线设计

酒店流线设计是指在酒店内部规划和设计出合理、顺畅的动线系统，以满足客人的各种需求和活动，提高客户的满意度和舒适度。这包括了入口大堂动线、中庭空间动线、水平动线和垂直动线等几个方面。入口大堂动线设计着重于营造酒店的形象，通过个性和清晰的标志展示企业形象，便于客人快速进入酒店内部。中庭空间动线设计考虑了人流的集散，提供了活动和休息的场所，通常设置艺术装置和景观小品，增加空间的层次感和体验性。水平动线设计旨在使商业业态得到充分展示，引导消费者轻松浏览各个商铺，避免死角，延长客户在店内的停留时间。垂直动线则考虑了楼层之间的流动，通过合理设置楼梯、电梯等设施，确保客人能够方便地在各个楼层之间移动，提升整体的服务效率和体验感。

（四）酒店区域配比

很多酒店管理集团在内部会有一些管理软件，在确定了酒店总的规模以后，在管理软件中输入总建筑面积，选择是经济型还是豪华型，是商业酒店、会议酒店还是休闲娱乐酒店、度假酒店，它会自动生成以下四个部分的面积：客房面积，大堂和餐厅面积，功能厅和娱乐设施面积，后勤部分面积，酒店设计应先考虑这四个部分的面积比。当了解项目总面积、定位后，设计师便可根据各种比例估算出建设标准，从而可以快速完成前期设计。确定各部分面积配比后，根据客房层总面积与裙楼总面积的比例可以看出一个酒店的豪华程度和性质，根据国内行业经验，经济型为 70% 以上，中档型为 50%~60%，豪华型为 40%~50%。对于综合体上的高层酒店，我们通常按照中高档来配比，即客房占比 50%~60%。

二、餐饮空间

餐饮空间设计是一个系统工程，了解其整体工作的各个环节是非常必要的。一般来说，餐饮空间设计主要包括空间功能与布局、空间色调控制、空间材料搭配、空间照明和空间陈设等。优秀的餐饮空间设计不仅需要控制好每个环节的具体工作，而且应重视各个组成部分的紧密结合度，实现空间设计的整体性和完整性。

（一）空间功能与布局

餐饮空间的直接营业区包括入口区、接待等候区、就餐区，以及提供辅助服务的衣帽间、化妆间等，间接营业区则包括厨房及管理（仓库、冷藏等）两大区域。根据营业品种的不同，对厨房及设施的要求也有很大的不同。厨房虽然属于间接营业区域，但其功能与作业流程对于整个餐饮空间的设计也有重大的影响，是设计的重点之一。

1. 平面形式的建构

餐饮空间设计是一个从平面转向空间的思考过程，平面形式的确立是整体空间塑造的基础。平面布局需要遵循一定的规律，必须充分考虑布局的实用性。在平面形式的组织过程中，入口区的设计需要注意空间的对景视线关系。主体形象展示界面既可以单独设置，也可以结合接待台实现一体化设计。主体餐饮空间应放置在餐厅相对宽敞的中心区域，单体餐饮空间则需要布局在靠窗或靠墙的区域。

2. 包间的布局

包间的平面布局需要注意集中性，通常将它们与散座区分隔而置，保证一定的私密性。包间的类型根据空间的具体情况而定，有条件设置大包间或豪华包间的餐厅，应利用好餐厅的优势区域，营造良好的就餐氛围。大包间内可设置备餐间，注意备餐间入口要与包间主入口分隔开，备餐间出口不要和餐桌形成对望关系。在交通组织上，服务通道与客人通道需要分别设置，不应有交集（图 12-6）。

图 12-6　北京燃锅餐厅

（二）空间色调控制

空间色调是影响餐饮空间整体效果的重要因素，也是消费者对餐厅空间的第一感知。良好的空间色调能够快速地吸引消费者，有效地促进客人进餐，能满足他们餐厅社交活动的精神需求。设计师用色彩控制空间的调性，就好似烹饪大师利用食材烹制美食。中性色是餐厅色彩设计的主要用色，黄色、红色、橙色等暖色系作为餐饮空间的主色调，使用频率较高。需要注意的是，不能大面积使用纯度较高的颜色，建议最好小面积使用。比如，浅色调的餐饮空间搭配使用颜色纯度高的家具陈设，实现统一中求对比的效果，平衡不同色彩在空间中的比例关系（图 12-7）。

（三）空间材料搭配

空间界面是空间形态构成的重要基础，材料又是塑造空间界面的直接载体。了解不同材料搭配的适应性关系，对空间效果的构建具有重要作用。

1. 材料的功能性

材料主要解决就餐空间的实际使用需求，如镜面材料。在一些面积相对局促的餐饮空间中，镜面可以通过其反射物体的属性有效“增大”空间。吸音材料在餐饮空间的使用也较广泛，这类功能性材料可在很大程度上降低餐厅中的噪声，为客人营造舒适的就餐环境。

2. 材料的装饰性

材料的装饰性主要体现在材料的观感和触感上，不同的材料往往给人一种不同的感受。粗糙、质朴、亲和的材料（如木材、竹材、棉麻、条石）给人以强烈的闲适感，能让空间的节奏顿时慢下来；深色抛光面的石材、玻璃、不锈钢可通过其强烈反射的属性营造出“意境水”的场景，美轮美奂；无缝人造石为室内空间设计创造更多的可能性。材料的参数化设计应用突破了常规空间界面的清晰界线，可以塑造出从家具陈设到空间界面的一体化效果，其装饰效果具有革命性（图 12-8）。

图 12-7　苏州 W 酒店 SOL37 酒廊

图 12-8　广州宋·川菜

三、零售及商业中心

零售及商业中心是商业空间中的重要组成部分，涵盖了各种零售店铺和商业设施，以满足消费者的购物需求。

（一）设计类型

购物中心通常是一个集购物、餐饮、娱乐等功能于一体的大型商业综合体，包括室内购物中心和室外购物中心两种类型。室内购物中心通常由多层楼构成，配备多种品牌的零售店铺、餐饮场所和娱乐设施，提供便捷的购物环境和多样化的消费选择。室外购物中心通常由一排排相连的商铺组成，围绕着中央广场或步行街展开，为消费者提供户外购物和休闲体验（图 12-9）。

百货商场是一种以百货为主要销售品类的大型零售场所，通常拥有多个楼层，涵盖了服装、家居、化妆品、食品等品类，提供全方位的购物选择。专卖店是指专门销售某一品牌或类别商品的零售店铺，如服装品牌专卖店、电子产品专卖店等。位于汉江汝矣岛商圈的首尔现代百货商场（图 12-10），是首尔最大的百货商场，内

图 12-9 格拉茨北部购物中心

图 12-10 首尔现代百货商场

部空间超 80000㎡，其干净利落的建筑语言和自然流动的建筑风格为消费者营造了一个繁忙城市中的“度假胜地”，让消费者在这片森林绿洲中无限感受别样的惊喜与体验。

超市和便利店是零售业中的重要形式，提供各类食品、日用品和生活必需品的销售，为消费者提供方便快捷的购物体验。超市通常规模较大，商品种类丰富；便利店则更加注重便捷性和快速服务，通常位于社区或交通要道，为周边居民和过往行人提供便利的购物服务（图 12-11）。

图 12-11 石家庄 U LIFE 精品超市

（二）设计要点

零售及商业中心设计的要点包括空间规划、功能布局、流线设计、照明与装饰、品牌形象，以及舒适性与便利性等。首先，空间规划是设计的基础，需要根据商业中心的定位和规模合理划分空间，并考虑到不同业态的需求和流量分布。其次，功能布局要充分考虑商业中心的经营类型和业态组合，合理设置不同品类的店铺和服务设施，确保各功能区域之间的协调性和统一性。流线设计是确保顾客流动畅通的关键，需要设计合理的通道和步行路径，引导顾客自然而然地浏览各个店铺，并确保消防通道和紧急出口的畅通。最后，舒适性与便利性是商业中心设计的重要目标，包括良好的采光与通风、舒适的座椅和休息区、便捷的停车设施、无障碍设施等。

第三节 商业空间设计方法

一、布局设计和空间分区

（一）布局设计

1. 空间分析

对商业空间的尺寸和形状等特征进行全面的分析，以确定可利用的空间范围。这包括对整体空间的评估，如建筑的结构、支柱位置及可能存在的障碍物等，以确保合理利用每一寸空间。

2. 功能规划

根据商业场所的性质和经营需求，确定各功能区域的位置和面积分配。这涉及前厅、展示区、销售区、办公区、休息区等功能区域的合理划分，以满足商场的日常运营和顾客需求。

3. 流线设计

设计合理的通道和路径，使顾客能够便捷地流动，从而确保商业活动的顺畅进行。这包括合理设置出入口、通道宽度、交叉点和转角的处理，以及考虑顾客流量的高峰时段。

4. 陈列布置

根据商品的特点和销售策略，设计合适的陈列方式和陈列桌、货架等家具物品的摆放位置。通过精心设计的陈列布置，可以突出商品的特色，提升品牌形象，并引导顾客的购物行为。

5. 照明设计

选择适当的照明方式，照亮各个功能区域，提升空间的舒适感和视觉效果。照明设计不仅要考虑到光线的亮度和色温，还要根据不同区域的功能需求和氛围要求，设计出合适的照明方案。

6. 装饰设计

选择适合商业氛围的装修风格，运用色彩、材质等元素来打造独特的商业环境。装饰设计不仅要考虑到美观性，还要与品牌形象和商业定位相匹配。

（二）空间分区

1. 开放式

开放式分区将商业空间整体开放，没有明确的边界和隔断，适用于需要灵活布局和展示的场所，如商场中的展示区或促销区。这种分区方式能够营造出宽敞、通透的氛围，便于顾客自由流动和商品的展示。

2. 固定式

固定式分区通过墙壁、隔断等固定结构将商业空间分割成独立的区域，适用于需要保护私密性或划分功能区域的场所，如商场中的办公室、更衣室或储藏室。这种分区方式能够有效地划分空间，提供私密性和安全性。

3. 动态式

动态式分区使用可移动的屏风、隔板等装置，根据需要随时调整空间分割，适用于需要经常变化布局的场所，如会议室或临时展示区。这种分区方式灵活多变，可以根据不同的需求和活动进行调整，提高空间的利用率和适应性。

4. 层次式

层次式分区利用平台、楼梯等不同高度的设计手法，将商业空间划分成多个层次，形成视觉上的层次感，适用于大型商场或展览馆等空间。这种分区方式可以增加空间的层次感和立体感，吸引顾客的注意力，提升空间的美感和吸引力。

二、功能分配和流线设置

商业空间的功能分配和流线设置是设计中至关重要的部分，它直接影响商业空间的实际运营效率和顾客体验。在功能分配方面，需要根据商业场所的性质和经营需求，合理规划各个功能区域的位置和面积。在流线设置方面，需要设计合理的通道和路径，以确保顾客能够便捷地流动，并顺利完成其在商业空间内的活动。流线设计应考虑人流量、流动方向、通行安全等因素，避免拥堵和碰撞，提升用户体验和购物效率。

（一）商业空间前厅设计

商业空间前厅设计是整个商业环境中的重要组成部分，它会给客户留下第一印象，也是展示商业品牌形象和服务理念的窗口。设计师需要考虑以下几个方面：

1. 空间规划

前厅的空间规划应考虑客户流量、功能需求以及品牌形象等因素。合理划分前厅的功能区域，包括接待区、候客区、信息咨询台等，以满足客户的不同需求。

2. 布局设计

前厅的布局设计要注重流线和空间利用效率。设计合适的行走路径和分布式座位，确保客户能够便捷地活动，同时最大程度地利用空间资源。

3. 装饰风格

前厅的装饰风格应与商业品牌形象和定位相一致。可以选择现代简约、豪华奢华、时尚前卫等不同风格，通过色彩搭配、材质选择和装饰元素的运用来营造独特的氛围。

4. 照明设计

照明在前厅设计中起着至关重要的作用，它不仅能够提升空间的舒适度和视觉效果，还能够突出展示区域和品牌标识。因此，需要选择合适的照明方案，包括整体照明、局部照明和装饰性照明等，以营造温馨明亮的氛围。

5. 设施设备

前厅的设施设备要满足客户的基本需求，如提供舒适的座椅、便利的信息查询设备、充足的充电插座等。设计师还可以考虑引入智能科技设备，以提升服务水平和客户体验。

（二）商业空间展示区设计

商业空间展示区设计是商业环境中至关重要的一环，它直接影响着顾客对产品或服务的认知和印象。

（1）展示区的设计应与品牌形象和产品特性相一致。通过合适的陈列方式、装饰元素和色彩搭配，展现出品牌的风格和个性，增强品牌的识别度和吸引力。

（2）展示区的布局应合理利用空间，使产品能够清晰展示。合理的陈列桌、货架和展示架可以帮助我们有效地展示产品，同时保证通道畅通，方便顾客流动。

（3）展示区的照明设计也至关重要。良好的照明可以突出产品的特点，增强其吸引力和品质感。根据不同的产品特性和展示需求，选择合适的照明方式和灯具类型，营造出舒适、明亮的展示环境。

（4）除了产品陈列，展示区还可以通过装饰和布置来营造特定的氛围和情境。通过艺术品、植物、背景墙等装饰元素的运用，打造出独特的展示场景，吸引顾客驻足并产生购买欲望。

（5）展示区的设计还需要考虑顾客的体验和行为路径。合理设置展示区的进出口、通道和观赏点，引导顾客流线，使其自然地浏览产品，提升购物体验和满意度。

（三）商业空间销售区设计

商业空间销售区设计是商家吸引顾客、展示商品以及促进销售的关键部分。设计师需要考虑以下几个方面：

1. 陈列和展示

销售区应设计合适的陈列和展示方式，使商品清晰可见，并能够吸引顾客的注意。采用合适的陈列架、展示柜和货架，结合良好的灯光和装饰，突出商品的特点和品牌形象。

2. 空间布局

销售区的空间布局要合理，应考虑顾客流量和商品种类，避免拥挤和混乱。根据不同的商品类型和销售策略，设置合适的分区和走道，让顾客能够轻松地浏览和选购商品。

3. 便捷的购物体验

销售区的设计应以顾客体验为中心，确保顾客能够方便快捷地找到所需商品并完成购买。合理设置产品和导购标识，以及清晰的产品信息和价格，为顾客提供良好的购物指引。

4. 品牌形象和氛围营造

销售区的设计要与品牌形象和市场定位一致，营造出符合品牌特色的氛围和风格。通过装饰、色彩、音乐等元素，打造出独特的品牌氛围，提高顾客的购物愉悦感和品牌认知度。

5. 灵活性和更新换代

销售区的设计应具有一定的灵活性和可更新换代的能力，以适应市场变化和顾客需求的变化。不断优化销售区的布局和陈列方式，引入新的陈列元素和装饰风格，保持销售区的新鲜感和吸引力。

（四）商业空间办公区设计

商业空间办公区的布局和设计直接影响到员工的工作效率、舒适度和健康。在商业空间办公区设计中，设计师需要考虑以下几个方面：

1. 空间规划与布局

对办公区的空间进行合理的规划和布局，包括确定办公桌、会议室、休息区等功能区域的位置和大小，确保各个区域之间的联系和流通畅通无阻。

2. 工作流程优化

办公区设计应考虑到员工的工作流程，以便提高工作效率。例如，将相关部门的工作区域放置在相近位置，减少员工在办公室内的移动时间；合理安排设备和文件存放区域，方便员工获取所需物品。

3. 灯光与通风

办公区的灯光和通风设计直接影响员工的工作状态和舒适感，因此要保证充足的自然采光和良好的空气流通，同时配备合适的照明设施，以减少眼睛疲劳，提高工作效率。

4. 舒适性与人性化

办公区的设计应考虑员工的舒适度和人性化需求。例如，选择舒适的办公椅和桌子，提供足够的工作空间和私人空间；为员工提供充足的休息区域和社交空间，以促进团队合作和员工之间的交流。

5. 健康与安全

办公区设计应关注员工的健康和安全，这包括合理设置紧急出口和逃生通道，配备消防设施和急救设备；减少噪声和辐射污染，提供符合人体工程学的办公家具和设备。

6. 绿色环保

在办公区的设计中，应尽量采用环保材料和节能设备，减少能源消耗和碳排放，创造绿色健康的工作环境。

本章习题及答案

第十三章 文化空间室内设计

“文化空间”也被称为“文化场所”(Culture Place)，是联合国教科文组织在保护非物质文化遗产时使用的一个专有名词，其主要指人类口头传承和非物质文化遗产代表作的形态和样式。因此，文化空间的释义必须以非物质文化遗产为基础，故文化空间具有时间性、空间性、公共性和服务性的特点。文化空间室内设计是一种以文化氛围营造为主题的室内设计形态，它将特定的文化元素通过设计手段融入室内氛围，以创造一个具有特定文化背景及氛围的空间。这种设计风格包括传统的艺术、手工艺品、建筑风格、家具、色彩等方面，旨在让人们感受到不同文化的氛围和风情。此外，文化空间室内设计也考虑到人们的情感需求，尝试在室内设计中融入情感元素，使人们在其中感受空间情境。

第一节 文化空间设计的意义

文化是一个民族、一个地区的精神家园，文化空间设计则是展现和传承这一精神家园的桥梁和载体。在当今社会，文化空间设计具有重要的意义和价值。比如，我们可以通过展览馆、博物馆、艺术中心等文化空间了解历史、艺术、传统文化等元素，感受文化的魅力和力量。这些精心设计的文化场所在推动文化和经济发展上都起到了相当重要的作用。在这样的设计中，我们能够窥见文化空间的深远意义，它不仅是文化的守护者，更是社会发展和人类精神、物质进步的推动者。

一、传递文化信息

当设计师致力于创建文化空间时，他们不仅是在构建美学环境，更是在塑造一个文化信息传递的平台。文化空间设计具有独特的魅力，可以通过展示、互动和参与等方式，引发人们对文化的兴趣和思考。因此，文化空间不仅是容纳物品的场所，更是传播文化信息的重要媒介。

（一）展示和陈列

文化空间通过展示和陈列艺术作品、文物、手工艺品等，将文化信息直观地传达给观众。这些展示物件可以是具有历史意义的文化遗产，也可以是当代艺术作品。观众通过欣赏这些展示物件，了解相关的历史和文化，以及它们所传达出的价值观、审美观等方面的信息。

（二）交互和参与

文化空间可以提供互动和参与的平台，让观众积极参与到文化信息的传递中来。例如，举办文化工作坊、讲座、座谈会等活动，让观众与文化从业者、专家学者进行互动和交流，分享和传递文化知识和经验。

（三）教育和解释

文化空间可以通过解说员讲解、导览服务、展览说明等方式，向观众提供关于展示物件和文化背景的详细信息。这样可以帮助观众更好地理解和解读展示物件所蕴含的文化信息，利于他们对文化的认知和了解。

（四）多媒体技术应用

现代的文化空间通常运用多媒体技术，如声音导览、虚拟现实、互动屏幕等，来展示丰富的文化信息和增强观众的参与感。这些技术以更富有趣味和创新的方式激发观众的兴趣和好奇心。

（五）社区参与

文化空间可以与当地社区建立联系，与社区居民合作开展文化活动和项目，通过社区居民的互动和参与，文化信息可以被广泛地传递和传承。这种社区参与的方式可以促进文化的传承和创新，使文化信息更加贴近当地居民，打造社区特色。

（六）文化元素运用

文化元素是特定文化的象征和代表，设计师可以通过设计手法巧妙地将其应用于文化空间中，如运用具有象征意义的图案、图像或符号等元素，以强调特定文化的独特性和身份认同。这些文化符号可以体现在建筑的立面设计、装饰细节、陈列展示等方面，为空间注入文化的深层内涵，以达到传递文化信息的目的。

二、增强文化认同感

约翰·拉斯金说过这样一句话，“艺术是一个国家的心灵，它能够展示出文化的真实本质”。这句话强调了艺术和文化之间的紧密联系，并揭示了艺术在传达文化认同感方面的重要性。在文化空间设计中，我们可以通过深入研究和探索文化的本质，进一步理解文化空间设计如何成为塑造文化认同感的有力工具，引发人们对文化的深思。

（一）创造独特的环境氛围

在文化空间设计中，设计师可以通过室内和室外环境的布局、材料选择、色彩搭配等方式，创造出独特的环境氛围。这种氛围可以与特定文化的精神和价值观相呼应，使人们在空间中感受到文化的独特魅力和气息。例如，在中国文化空间中，使用传统的红色和金色作为主要色彩，采用传统的木材和瓷器等材料，可以营造出浓厚的中国文化氛围，增强观众对文化的认同感。

（二）展示文化符号和象征物

在文化空间设计中，我们可以通过展示文化符号和象征物，将文化元素融入空间，如传统艺术品、标志性建筑、传统服饰等。观众在欣赏和接触这些文化符号和象征物的过程中，能够更深入地了解和感受到特定文化的独特之处，从而增强对文化的认同感。

（三）强调参与和互动

在文化空间设计中，设计师可以在空间中设置互动区域、展示区域、工作坊等，让观众参与到文化活动和体验中来，使他们更深入地了解和体验文化，从而增强对文化的认同感。

（四）引发情感共鸣

在文化空间设计中，设计师可以通过展示艺术作品、文化故事等方式，引发观众的思考。观众在与文化作品和故事产生共鸣的过程中，能够更深入地认同和体验到文化的核心价值和所表达的情感内涵。

三、激发思考与启发创意

文化空间设计中，设计师通过创造富有启发性和沉浸式的环境，为观众提供了与艺术和文化作品互动的机会。合理的空间布局、灯光设计、音效配置等，可以激发观众的深思和创意。

（一）精心设计的展示方式

设计师通过创造性的展示手法和故事叙述，激发观众的想象力和创造力。观众可以从不同角度欣赏艺术作品，甚至触摸展示的手工艺品，从而引发他们对艺术、文化和人类经验的思考。

（二）先进技术的优势

设计师可以运用多媒体技术、投影映射、互动装置等方式，将艺术与科技融合，打造出令人惊叹和难忘的展览场景。比如，在一次历史展览中，设计师利用影像、声音和实物的组合，将观众带入另一个时空，让他们身临其境地感受历史的氛围。这样的创意设计可以激发观众的想象力，让他们思考和探索与展览内容相关的问题，并激发出他们新的创意和见解。

四、促进经济的可持续发展

文化空间对项目地周边经济的可持续发展具有推动作用。具有独特文化特色的空间可以吸引游客和文化爱好者，从而利用文化旅游业的繁荣，为当地带来可观的经济效益。

（一）空间本身的文旅属性

文化空间本身可以成为独特的旅游目的地，如具有丰富历史、艺术和文化内涵的博物馆、艺术中心、历史建筑等文化空间，可以吸引大量游客前来参观和体验。这些空间在为游客提供丰富的文化内容和体验的同时，增强了当地旅游业的发展。

（二）作为公共性活动场所

文化空间可以举办各种文化活动、展览和节庆，如艺术展览、音乐会等，能吸引更多游客，为游客提供了了解当地文化和互动的机会。文化空间还可以成为旅游目的地的重要品牌塑造和宣传的媒介，能提升目的地的知名度和声誉，这对促进文化遗产的保护和可持续性发展也有一定的推动作用。

（三）带动周边产业

文化空间在带动了旅游业的发展后，可对当地经济的发展产生良性循环，不仅可以创造就业机会，而且还能带动其他行业的发展。旅游者的到来为当地的餐饮、住宿、零售等产业带来了需求，也带动周边商业和服务业的发展。

五、教育和启发

文化空间设计既追求美学的完美，又注重功能的实现。在这个多元化和快节奏的时代，文化空间设计的意义越发凸显。文化空间成了人们与文化遗产、艺术作品和创意灵感相互融合的平台，具有教育和启发功能。

（一）丰富知识与学习

文化空间设计通过打造富有教育价值的展览和活动，激发观众的求知欲望，促进终身学习和自我教育的养成。博物馆、图书馆、科技馆等文化空间通过展示各种艺术作品、历史文物、科学实验等，为观众提供独特的学习环境。观众可以通过观察、阅读、参与互动等方式，获得专业知识和实践经验，拓宽视野，增长见识。

（二）培养审美素养

观众在文化空间中接触到不同的艺术作品、设计风格和美学理念，通过欣赏和思考艺术的表达方式和内涵，培养对美的感知和理解能力。艺术作品的色彩、形状、材质等元素与空间设计的融合，创造了富有美感和和谐感的环境，激发观众的审美情趣和欣赏能力。

（三）传承文化与价值观念

设计师通过展示传统手工艺品、历史文物等，帮助观众了解和欣赏各种文化形式，增进他们对文化多样性的认知和尊重，并且可以了解不同文化背景和价值观念，培养跨文化理解和交流的能力。文化空间设计在传承和弘扬文化的过程中，培养了观众对历史、传统和人类智慧的价值观念。

第二节　文化空间设计方法

文化空间设计是将特定的文化元素通过一定的艺术手法与建筑空间相结合，创造出具有独特文化氛围和表现力的室内环境。为了更好地塑造空间的文化属性、渲染空间的文化氛围，设计师应根据空间的用途和需求，进行合理设计和布局，以创造出具有独特文化氛围和表现力的文化空间室内环境。

一、文化和记忆

在文化空间设计中，记忆是一个重要概念，它可以被应用于多个方面，如历史回顾、故事叙述、场景再现、身份认同等，将记忆与文化空间融为一体，营造出具有独特文化氛围和表现力的室内环境。我们可以通过展示历史文物，使用特定的材料、色彩、声音和香气等，将各种元素进行安排和组合，以营造出特定的文化氛围，增加空间的文化性。

（一）色彩的文化内涵

色彩作为文化传承的一种独特表现元素，不同的色彩具有不同的文化内涵。在中国传统文化中，红色代表热情、吉祥、欢乐等，它常被用于传统中式婚礼礼堂的装扮（图 13-1）。另外，朱红色在古代被视为正色，故宫的红色就被称为朱红色，这种颜色在故宫的建筑中占据着重要的地位。朱红色不仅代表了故宫的庄重与威严，还承载着丰富的历史文化意义。

白色在中国传统文化中不仅具有祭祀的含义，其运用于传统的室内设计中，还具有纯洁清雅、虚空无形、尊贵高雅的含义。例如，在园林中，白色的墙壁与绿植景观相映成趣（图 13-2），在徽派建筑中，白墙和灰瓦搭配，营造出清雅、虚空的诗意美景。

（二）饰品的文化记忆

装饰品作为最直接的文化载体，能够唤起人们对不同文化的情感记忆。装饰品在文化空间设计中

图 13-1　深圳福田中式婚礼堂

图 13-2　苏州沧浪亭

所发挥的作用是显而易见的，如中式山水画、盆景、瓷器、中国结等具有极强中式风格的装饰品（图13-3）和极具西方文化特征的中世纪油画、巴洛克家具、欧洲地毯等装饰品营造出的空间氛围（图13-4）对空间使用者带来的情感体验可谓是天差地别。因此，将文化元素直接呈现在相应的文化空间中，是极其有效的手段之一。

（三）格局的文化记忆

空间的布局形式也是表现空间文化氛围的重要手段之一。苏州园林的布局处处体现中国传统文化理念。苏州园林中常见的元素，如水池、假山、花木等，都被布置得恰到好处，使人仿佛置身于大自然，这正是中国传统文化中对自然的尊敬和崇拜、追求人与自然和谐共生理念的具体体现（图13-5）。

日本园林虽然在建筑样式、景观布局和园林哲学等方面很大程度上受到中国传统园林的影响，但其也发展出了自己独特的风格和特点。在设计理念上，中国传统园林注重再现自然景观，强调人与自然和谐共生，日本园林则更加注重创造世外桃源般的理想化空间，营造出一种具有禅宗哲学色彩的静谧氛围（图13-6）。在空间布局上，中国传统园林通过错落有致的空间布局和层次感来营造氛围，日本园林则更强调空间的简洁和平衡，注重利用空间的尺度和对称性。

图 13-3　中式风格空间

图 13-4　欧式风格空间

图 13-5　苏州留园牡丹亭

图 13-6　日本琉璃光院景观

（四）材质的文化内涵

材质的合理运用同样是唤起使用者文化记忆的重要手法之一，通过不同材质的搭配，能够对空间文化进行渲染。例如，夯土材料筑起的建筑外墙（图 13-7）和钢筋混凝土筑起的建筑空间（图 13-8）在外在感官和内在文化情感传递上会起到不同的作用。夯土墙使用的天然材料给人以自然、朴素、温暖、亲近的感觉，钢筋混凝土则带给人一种坚固、冷酷、严谨和现代化的情感体验。这种情感体验上的差异主要源于材料和质感的不同，以及不同材料所代表的文化记忆和建筑风格的差异。因此，根据不同的空间文化需求，选择合理的建筑材料，是对空间文化氛围进行渲染非常重要的一步。

二、尊重和保护

尊重和保护历史文化遗产是文化空间设计过程中相当重要的原则，以确保真实性和完整性。如果文化空间内存在具有一定的历史和文化价值的建筑物或文化遗产，应努力保护和修复它们。设计时需要结合实际情况对项目进行充分地调查研究，从而了解其相关历史文化背景，如该地区的发展历史、传统文化、使用者价值观和文化记忆等。

（一）保护文化遗产

文化空间设计应该尊重和保护历史遗产和文化资产，包括古建筑、文物、传统工艺等。设计师可以采取保护性的措施，如修复、翻新和保护性维护，以确保文化遗产的原貌和独特性得以保留。图 13-9 和图 13-10 为不同时期的黄鹤楼。

（二）保持原生态环境

在文化空间设计中，设计师应考虑保持原生态环境的完整性和稳定性，包括保护自然景观、植被和生物多样性。设计师可以通过合理的景观规划、生态保护措施，遵循可持续设计原则，确保文化空间与自然环境和谐共生。

（三）尊重当地居民

在文化空间设计中，应该尊重当地社区的需求和文化特点，与当地居民进行合作和沟通。设计师可以通过调研了解当地居民的需求和期望，将他们的合理意见纳入设计方案，以实现社区参与和共享的目标。

（四）整合现代与传统

前文强调了对传统的保护和尊重，但这并不意味着不能对其进行合理的现代化改造。文化空间设计可以通过整合现代元素和传统文化，实现传统与现代的对话与融合。设计师可以在设计中巧妙地运用传统建筑元素、材料和工艺，结合现代的功能需求和技术手段，创造出具有独特魅力和现代感的文化空间（图 13-11、图 13-12）。

图 13-7　昆明市大普河村夯土墙

图 13-8　使用钢筋混凝土筑起的图书阅览区

图 13-9　1871 年清朝时期的黄鹤楼

图 13-10　2023 年黄鹤楼现状

图 13-11　苏州博物馆

图 13-12　来东梓关回迁农居

三、整体性和连贯性

设计应考虑整个文化空间的连贯性和完整性，主要涉及空间布局和流线、材料和色彩的统一、设计元素的统一、主题和故事性的体现、文化符号和象征的应用等方面。这些手段可以使文化空间呈现出一个有机、协调和连贯的整体，为使用者带来一种沉浸式的文化体验。

（一）空间布局与流线

在文化空间设计中，空间布局和流线规划对整体性和连贯性至关重要。设计师需要考虑不同功能区域之间的关系和连接，以确保空间的流动性和连贯性，使人们在空间中的移动自然流畅，没有断裂感。例如，在博物馆的设计中，设计师可以将展览区、接待区和教育区通过合理的布局和流线连接起来，形成一个统一的空间。

（二）材料和色彩的统一

在文化空间设计中，选择合适的材料和色彩可以增强整体性和连贯性。设计师可以使用一致的材料和色彩，使不同区域的元素之间具有一致性和协调性，如选择相似的材料质感、颜色调性，或者在整个空间中重复使用某些元素等，以形成统一的视觉效果。例如，在一个当代艺术画廊的设计中，设计师可以使用相似的材料（白色墙面和木质地板）以及灰色或黑色的装饰元素，以实现整体的和谐感（图 13-13）。

（三）设计元素的统一

设计元素的统一也是实现整体性和连贯性的重要手段，包括建筑风格、装饰元素、家具和灯光设计等。设计师可以选择一致的设计元素，使其在整个空间中相互呼应和统一，形成一种整体感。例如，在一个传统文化展示馆的设计中，设计师可以运用相同的装饰图案、家具风格和照明设计，以营造出统一的文化氛围。

（四）主题和故事性的体现

在文化空间设计中，通过主题和故事性的体现可以增强整体性和连贯性。设计师可以根据文化背景和主题设定一个贯穿整个空间的故事线索，通过空间布局、装饰元素、展品和展示手法等将故事融入设计，这样可以使观众在空间中有连贯的体验。例如，在一个历史博物馆的设计中，设计师可以通过展示历史事件和人物，以及相关的装饰元素和场景重现，来呈现一个连贯的历史故事（图 13-14）。

（五）文化符号和象征的应用

文化空间设计中的符号和象征元素也可以增强整体性和连贯性。设计师可以运用具有文化意义的符号、象征或图案，如雕刻、绘画、壁画、装饰物和纹样等，将其融入设计，使空间具有文化的识别性和连贯性。这些符号和象征可以是传统文化元素、艺术形式等。例如，在一个民族文化中心的设计中，设计师可以使用当地传统艺术的图案和符号，将其应用在建筑立面、装饰细节或艺术品中，以体现整体的文化氛围（图 13-15）。

图 13-13　成都工业展厅

图 13-14　青海藏文化博物馆服饰展厅

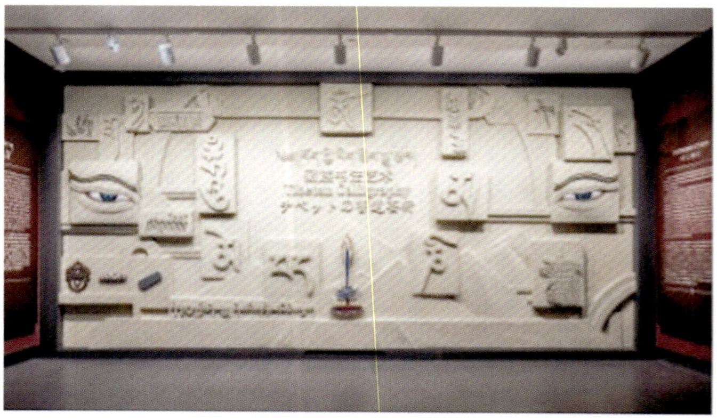

图 13-15　青海藏文化博物馆书法展厅

四、创新性和现代性

人类文化的发展史就是一个不断创新的历程，因此，创新在文化空间设计中扮演着重要的角色。可以说，一个设计作品是否具有与时俱进的创新性，是衡量其能否取得最终成功的重要标准。创新可以带来独特性和差异性，增加吸引力和竞争力，引发人们的情感共鸣，产生社会影响和推动力，最终实现文化传承和创新表达的目标。

（一）建筑形态和结构

创新性和现代性可以在建筑形态和结构上得到体现。设计师可以运用创新的建筑形式和结构设计，突破传统限制，创造出独特的空间环境。比如，运用现代建筑材料、新颖的建筑技术和结构系统，以及独特的形态和造型语言，创造出富有创新性和现代感的建筑空间（图 13–16）。

（二）技术与数字化应用

创新性和现代性在文化空间设计中还可以通过技术和数字化应用得到体现。随着科技的不断发展，设计师可以运用先进的技术和数字化工具来增强空间的创新性和现代感。例如，设计师可以使用交互式投影技术、虚拟现实技术或增强现实技术为使用者创造沉浸式的文化空间，或者利用智能化系统和传感器来提升空间的功能性和便利性（图 13–17）。

（三）材料和装饰的创新

创新性和现代性还可以在材料选择和装饰上得到体现。设计师可以选择新颖的材料和装饰元素，以创造出与传统不同的视觉效果和触感。例如，使用先进的材料（玻璃、金属、复合材料等）或者运用创新的装饰手法（立体壁画、光影效果或数字艺术等）以展现空间的创新性和现代感（图 13–18）。

图 13–16　海口云洞图书馆外观

（四）空间功能和灵活性

创新性和现代性可以通过空间功能和灵活性的设计得到体现。设计师可以通过提供多样化的空间功能和灵活布局（如可移动的隔断墙、灵活的家具布置、可转换的空间模式等），以满足不同用户的需求。这种设计可以使文化空间更具创新性和现代感，满足人们多样化的活动和体验要求。

图 13–17　北京科兴企业展厅

（五）当代艺术和表达形式

创新性和现代性还可以通过当代艺术和表达形式的应用得到体现。设计师可以邀请当代艺术家参与文化空间的设计，将当代艺术作品融入空间，如当代艺术品的展示、艺术装置的设置、数字艺术的应用等，以营造出富有创新性和现代感的文化空间氛围。

图 13-18　上海未来棱镜展厅

五、教育性和互动性

在文化空间中体现教育性和互动性的原则，可以让使用者在参观和互动中获得知识、启发思考，并与文化内容建立更为深入的联系。这样的设计不仅提供了教育性的价值，还增加了观众的参与感和互动性，使文化空间成为充满活力和互动的场所。

（一）设计交互性的展示区

在文化空间中设置交互性的展示区，使用者可以通过触摸屏、按钮、手势等与展示内容进行互动。这可以是数字化的展示内容，如虚拟实境体验、触摸屏展示、多媒体互动等，也可以是物理互动装置，如操纵模型、拼图、游戏等。通过这样的设计，观众可以自主探索和参与，以更深入地了解文化主题。

（二）互动性的工作坊和活动

在文化空间中组织互动性的工作坊和活动，让观众参与其中，如手工艺品制作、绘画工作坊、传统舞蹈教学等，观众可以亲身参与其中，学习相关技能，感受文化的独特之处。这样的互动活动可以鼓励观众主动参与其中，发挥他们的创造力，使他们对文化的学习产生深厚兴趣。

（三）个性化的学习和互动体验

通过应用程序、互动屏幕等技术手段，为观众提供个性化的学习和互动体验。观众可以根据自己的兴趣和需求，自由选择学习内容、参与互动活动，并获得与其个人背景和爱好相关的推荐和反馈。这样的个性化体验可以增加观众的参与度，使他们更加积极地与文化内容互动。

本章习题及答案

参考文献

[1] 张绮曼，郑曙旸．室内设计资料集 [M]．北京：中国建筑工业出版社，1991.

[2] 杨树清，武育秦．工程招投标与合同管理 [M]．3 版．重庆：重庆大学出版社，2003.

[3] 王佩环．中国古代室内设计风格变迁 [D]．武汉：武汉理工大学，2005.

[4] 张绮曼，郑曙旸．室内设计资料集 [M]．2 版．北京：中国建筑工业出版社，2000.

[5] 张震，杨建英．现代居室植物景观设计探析 [J]．中国科技信息，2007（14）：195-196.

[6] 金凯．人·空间·尺度 [J]．哈尔滨建筑大学学报，2001（1）：101-103.

后　记

《室内设计原理》历时一年才编撰完成，从初稿到定稿，经过多次修订和完善。本书旨在为室内设计专业学生和广大从业者提供一部系统、全面且实用的学习指南，帮助他们掌握室内设计的基本原理和方法，提升专业水平和实践能力。在编写过程中，我们力求理论与实践相结合，内容涵盖了室内设计的各个方面，从设计理念到实际操作，从历史背景到现代趋势，力求为读者呈现一个完整的室内设计知识体系。

在本书编写过程中，我们借鉴了众多专家、学者和业内专业人士的智慧和经验，参考了室内设计专家的一些研究成果，引用了国内外相关学者与设计平台提供的一些图片和资料，在此，对所有提供支持和帮助的单位和个人表示诚挚的谢意。

另外，还要感谢参与本书编写辅助工作的博士研究生杨蕾、杨文妍，硕士研究生易子薇、李昭阳、余兆强、亓思凯、王笑晗、李少梅、王天慧、昝凯歌、翟计涵、房国龙、林澄、李可欣、林梓豪、程欣、王璐、丁唯、刘子菡、宁梓涵、金祥澳、冯毓芳、王凯、汪林、阴金辉、李岱霖、董万清，本科生王一然、潘欣怡、李佳慧、彭坤妮、周楚涵、余嘉骏、董英泰等。特别感谢参与审稿、校对工作的老师，是他们的辛勤付出和无私奉献，才使得本书得以顺利出版。

室内设计是一门不断发展和变化的学科，尽管本书在内容上反映了近年来室内设计领域的最新发展和研究成果，但我们深知，本书的编写不可能尽善尽美，其中难免存在不足之处。在此，我们诚恳地希望广大读者和业内同行能给予宝贵的意见和建议，以便在以后修订中不断完善。

王刚

2024 年 7 月